ライブラリ　例題から展開する大学数学❻

例題から展開する 集合・位相

海老原 円 著

サイエンス社

サイエンス社のホームページのご案内
http://www.saiensu.co.jp
ご意見・ご要望は　rikei@saiensu.co.jp　まで.

まえがき

本書はライブラリ「例題から展開する大学数学」の中の1冊である．段階的に配置された3種類の例題を解くことによって，読者のみなさんが「集合・位相」に関する基本的な知識や考え方を自然に身につけることができるようになっている．

「集合・位相」に関する授業科目は，数学を専門とする学科においては，比較的標準的なものである．大学の理工系全般のカリキュラムを見た場合，必ずしも必須の内容としては扱われていないが，「集合」や「位相」の考え方は，非常に重要なものである．そういう事情をふまえた上で，次のような読者を想定して本書を執筆した．

- 「集合・位相」を授業で習っている（あるいは，これから習う）が，自分なりにじっくりと理解を深めたいと思っている大学生．
- 必ずしも数学を専門とはしない学部・学科の大学生，もしくは，数学に関心を持つ高校生や一般の方々．

本書の内容を簡単に述べておこう．

第1章では，「集合と写像」に関する基礎事項を取り扱う．

集合や写像は，いわば，数学を記述する「コトバ」であり，それなくして，現代の数学は成立しない．集合や写像の考え方は，単なる「知識」というよりは，むしろ，さまざまな場面で実際に使いこなすべき「技能」である．

技能の習得には，実地練習が不可欠である．英語を話さずに英会話の上達は見込めない．習字の練習をしなかった書道の達人はいないだろう．同様に，集合や写像を実際に使わずして，その用法に習熟することはできない．

実地練習に際しては，英会話でいえば，「聞いて真似する」という段階，習字ならば，「手本を見て書く」というステップが必要である．本書では，3種類の例題が「手本」に相当するものである．本書の第1章は，いわば，「集合と写像に関する手本集」だと思って活用していただきたい．

第2章は「無限と連続」について考察する．

2.1節から2.3節までは，無限集合が「可算集合」と「非可算集合」に大別できることの解説にあてられる．大まかにいえば，可算集合の元の「個数」は

「数えられる程度の無限」であり，非可算集合は「数えられないほど無数」の元を持つ．たとえば，実数全体の集合は非可算集合であり，有理数全体の集合は可算集合であって，両者の「無限の度合い」は決定的に異なる．

2.4 節からは，「数列の収束」や「関数の連続性」など，いわゆる「位相」に関連する話がはじまり，少しずつ一般化・抽象化をくり返して，第 3 章につながっていく．

そして，第 3 章において，「距離空間」と「位相空間」という概念に到達する．「位相」とは，いろいろな「位置」にある点の「つながり具合（様相）」を表すものである．素朴に考えると，点のつながり具合をとらえるのに，「2 つの点が近いか遠いか」を調べることは有効である．そこで，「距離」というものを一般化・抽象化して，「距離空間」という概念を導入する．さらに，「距離」を使わずに点のつながり具合を記述する「位相空間」という概念に至る．

本書では，位相空間を定義することを最終的な目標とする．普通，定義は議論の出発点であって，到達点ではない．にもかかわらず，本書において，位相空間の定義を到達目標とするのはなぜか？　その答えは，本書全体を読めばおのずとわかっていただけると思うが，ここでは，中島敦という作家の「名人伝」という小説のストーリーを借りて弁明しておこう．

紀昌（きしょう）という男が，天下第一の弓の名人になろうと志を立てる．己（おのれ）の師と頼むべき人物を物色し，その門に入ると，まず，「瞬（まばた）きせざることを学べ」と命じられる．次に「視（み）ることを学べ」との指示を受ける．師曰（いわ）く，「視ることに熟して，さて，小を視ること大の如（ごと）く，微（び）を見ること著（ちょ）の如くなったならば，来（きた）って我に告げるがよい」と．こういった目の基礎訓練の甲斐（かい）があって，その後の紀昌の腕前の上達は，驚くほど速いのであった….

位相空間の定義の習得にも，このような基礎訓練が必要である．基礎をおろそかにして，いきなり弓矢を手に取るのは，上達が望めないばかりでなく，危険ですらある．同様に，「位相空間」という「飛び道具」を手に入れるにあたっては，そこに至る準備のプロセスがとても大事だと思うのである．

…能書きばかり並べていても仕方ない．とにかくページを繰って，早速読みはじめていただきたい．

2018 年立春

著者記す

目　　次

例題の構成と利用について

導入 例題

これは，いわば話の「マクラ」である．まずこの導入例題を実際に解くことによって，これからどのような話が始まるのか，どのような内容をどのような観点から考えようとしているのかを，実感として理解することができる．「なぜだろう？　それはどういうことだろう？」——そんなふうに興味がわいて，話の続きが読みたくなったとしたら，しめたものである．読者のみなさんはすでにそのとき，行く先に広がる新しい世界に出発する準備を終えているのである．

確認 例題

本を読んで勉強することは，著者というガイドにしたがって観光名所をめぐり歩くようなものである．ガイドについて歩けば，要領よくポイントをおさえることができるわけであるが，やはり，もう一度自分の足でたどってみることがどうしても必要である．そのために確認例題を用意した．すでに学んだことがらについて，数値を変えて練習したり，あるいは，抽象的な内容を具体例に即して考察したりすることによって，読者のみなさんは理解をさらに深め，定着させることができる．

基本 例題

問題を解くことの効用はさまざまである．問題演習を通じて，たとえば，今まで習ったことを発展させたり，少し角度を変えて検討したりすることができる．本ライブラリにおいて，そのような役割を担うのが基本例題である．観光にたとえるならば，「少し足をのばして，周辺の様子をあちこち見てまわる」という感覚に近い．この基本例題を読者のみなさんがしっかりと自分自身で考えることにより，視野が広がり，理解が立体的になる．こうして，「学んだ知識」が「使える知識」へと変貌するのである．

第1章 集合と写像の基礎

ここでは，集合と写像について学ぶ．集合と写像の概念は数学の基礎であるので，まずしっかりと身につけていただきたい．

1.1 集合の表し方

手はじめに次の問題を考えてみよう．

導入 例題 1.1

1 から 10 まで番号のついたボールがある．見た目には全くわからないが，10 個のボールのうち，9 個は同じ重さであり，1 個だけ他より重い．どのボールが他のボールより重いのか，天秤を使って調べたい．

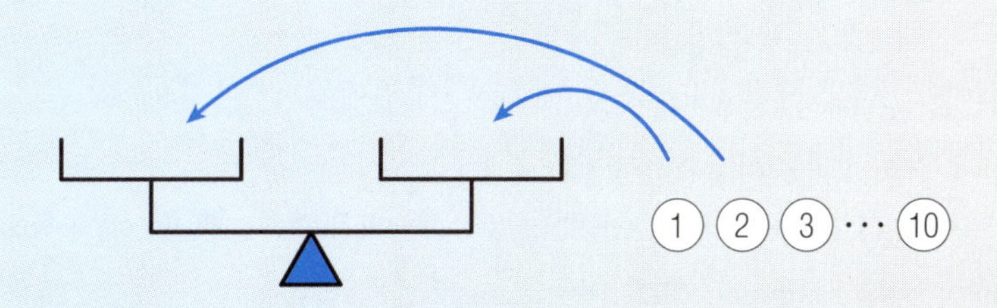

(1)　番号 1 から 3 までの 3 個のボールを天秤の左に乗せ，番号 4 から 6 までの 3 個のボールを右に乗せたところ，左が重かったとする．このとき，あと 1 回の操作で重いボールを特定するには，どうしたらよいか．

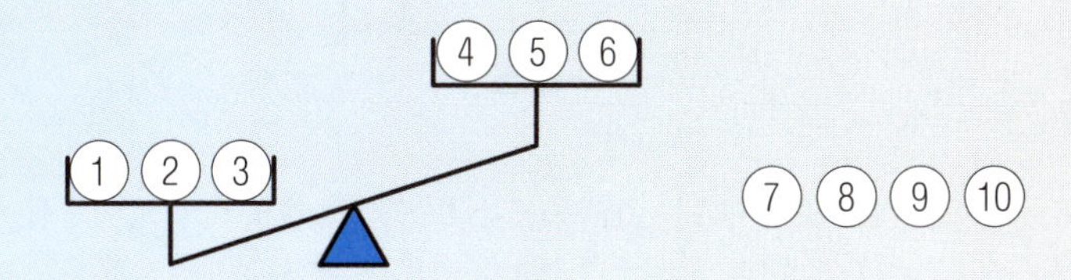

(2)　最初の状態（10 個のボールのうち，どれが重いのか，全くわからない状態）から 3 回だけ天秤を用いて重いボールを特定するには，どうし

たらよいか．

(3) 最初の状態から2回だけ天秤を用いて重いボールを特定する方法は存在しないことを証明せよ．

【解答】 (1) 番号1から3までの3個のボールの中に重いボールがある．番号1のボールを左に乗せ，番号2のボールを右に乗せる．

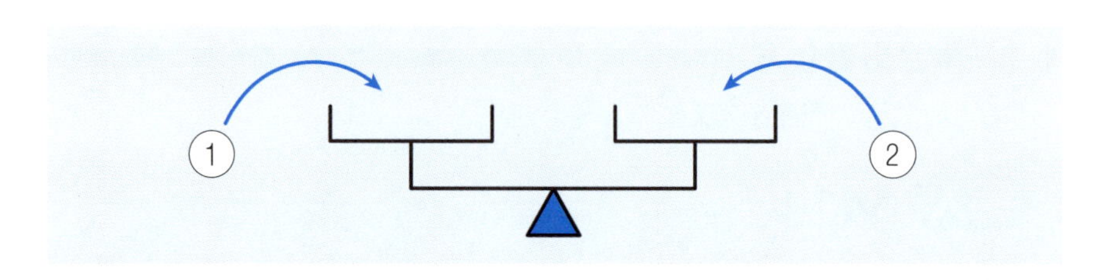

このとき，次のように重いボールが特定できる．

左が重い ⇒ 重いボールは番号1,
右が重い ⇒ 重いボールは番号2,
つり合う ⇒ 重いボールは番号3.

(2) たとえば，次のようにすればよい．

【手順その1】 番号1から3までのボールを天秤の左に乗せ，番号4から6までのボールを天秤の右に乗せる．

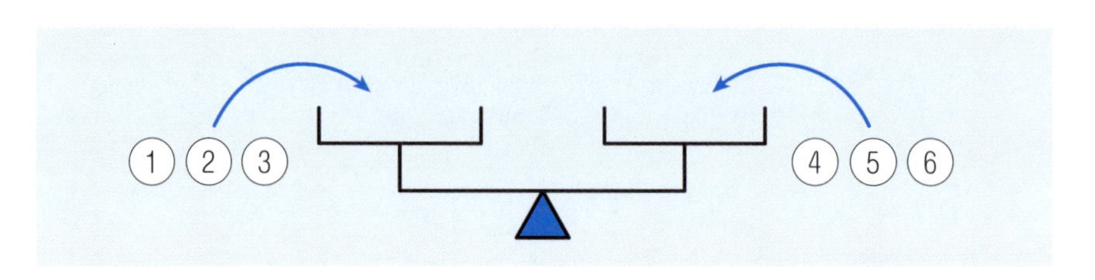

【手順その2】 【手順その1】の結果に応じて，次のように天秤を使う．

（ア） 【手順その1】の結果，左のほうが重い場合は，番号1から3のボールの中に重いボールがある．このとき，番号1のボールを左に，番号2のボールを右に乗せる．

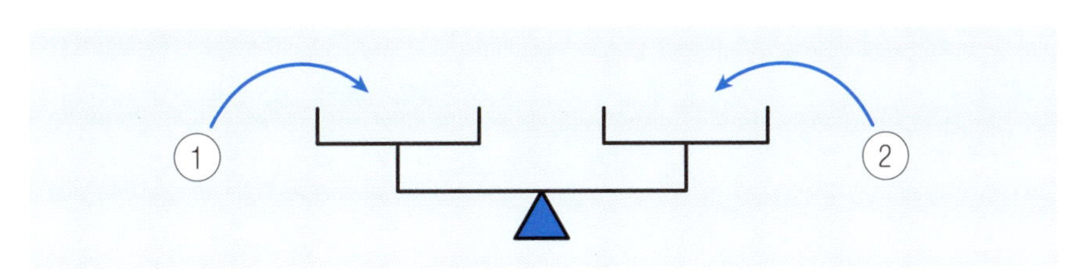

左が重ければ，番号 1 のボールが重いボールである．右が重ければ，番号 2 のボールが重い．つり合ったら，番号 3 のボールが重い．

（イ）【手順その 1】の結果，右のほうが重い場合は，番号 4 から 6 のボールの中に重いボールがある．このとき，番号 4 のボールを左に，番号 5 のボールを右に乗せる．

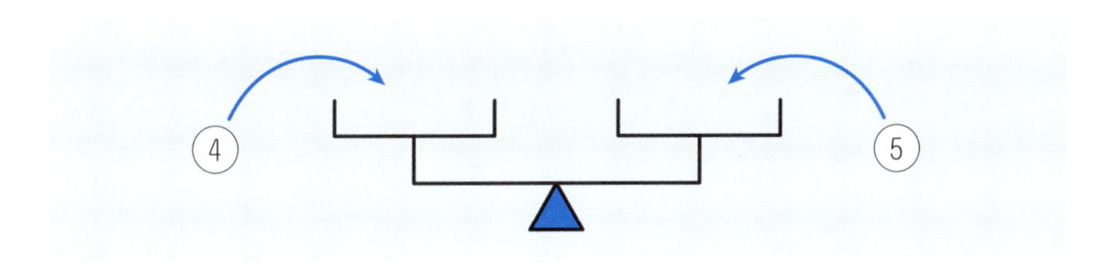

左が重ければ番号 4 のボールが重い．右が重ければ番号 5 のボールが重い．つり合ったら，番号 6 のボールが重い．

（ウ）【手順その 1】の結果，つり合った場合は，番号 7 から 10 までのボールの中に重いボールがある．このとき，番号 7 のボールを左に，8 のボールを右に乗せる．

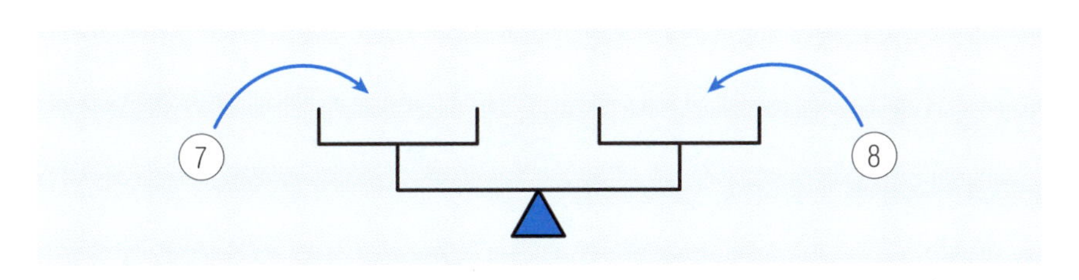

左が重ければ，番号 7 のボールが重い．右が重ければ，番号 8 のボールが重い．つり合ったら，番号 9 または 10 のボールのどちらかが重いボールであるので，次の【手順その 3】に進む．

【手順その3】【手順その1】の結果，天秤がつり合い，【手順その2】（ウ）の結果もつり合った場合，番号9のボールを左に，番号10のボールを右に乗せる．

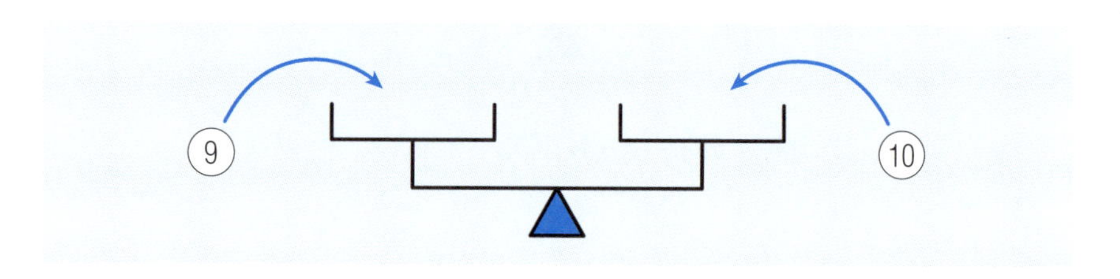

左が重ければ番号9のボールが重い．右が重ければ番号10のボールが重い．

(3) ここでは解答を述べないでおく（基本例題1.4参照）． ■

導入例題1.1 (3) には解答をつけなかったが，これについては，これから集合や写像の考え方を用いて，少しずつ解答にせまっていくことにしよう．そのために，まず，集合や写像の基本をマスターすることからはじめたい．

ものの集まりを**集合**という．集合を構成する要素を**元**（げん）という．集合を表すには，2通りの方法がある．たとえば，1以上10以下の自然数全体の集合を X とすると，次の2通りの表し方ができる．

(I) $X = \{1, 2, 3, 4, 5, 6, 7, 8, 9, 10\}$ のように表す方法．X に属する元をすべて中カッコ（$\{\ \}$）の中に列挙する．

(II) $X = \{x \mid x$ は1以上10以下の自然数$\}$ のように表す方法．中カッコ（$\{\ \}$）の中を縦線（$|$）で仕切り，左側に元の候補を，右側にはそれが集合 X に入るための条件を書く．

x が集合 X の元であることを

$$x \in X \quad \text{あるいは} \quad X \ni x$$

と表す．x が集合 X の元でないことを

$$x \notin X \quad \text{あるいは} \quad X \not\ni x$$

と表す．たとえば，X が1以上10以下の自然数全体の集合のとき

$$1 \in X, \quad 11 \notin X, \quad X \ni 3, \quad X \not\ni -5$$

などが成り立つ．

次の記号は，断りなく使われる．

- $\mathbb{N}$：自然数全体の集合．
- $\mathbb{Z}$：（0 や負の数も含めた）整数全体の集合．
- $\mathbb{Q}$：有理数 $\left(\dfrac{\text{整数}}{\text{整数}}\text{の形に表される数}\right)$ 全体の集合．
- $\mathbb{R}$：実数全体の集合．
- $\mathbb{C}$：複素数全体の集合．

上に述べた (I) の方法で自然数全体の集合 $\mathbb{N}$ を表そうとすると

$$\mathbb{N} = \{1, 2, 3, \ldots\}$$

のようにせざるを得ない．実数全体の集合 $\mathbb{R}$ となると，もはや (I) のような書き方で表すことはできない．

集合を (II) の方法で表す表記には，多少のヴァリエーションがある．

- 1 以上 10 以下の自然数全体の集合を X とする．この集合 X を (II) の方法で表すのに，次のような表記を用いることもある．

$$X = \{x \in \mathbb{N} \mid 1 \leq x \leq 10\}.$$

　この式の右辺は，「集合 $\mathbb{N}$ に属する元 x であって，$1 \leq x \leq 10$ をみたすもの全体の集合」という意味である．

- 0 や負の数も含めた偶数全体の集合を Y とする．Y は次のようにも表される．

$$Y = \{2m \mid m \in \mathbb{Z}\}.$$

確認 例題 1.1

(1)　集合 $X = \{x \in \mathbb{Z} \mid x^2 \leq 10\}$ を元を列挙する形に書き直せ．

(2)　絶対値が 3 以下の実数全体の集合 Y を記号を用いて表せ．

【解答】　(1)　$X = \{-3, -2, -1, 0, 1, 2, 3\}$.

(2)　$Y = \{x \in \mathbb{R} \mid |x| \leq 3\}$.　■

問 1.1　正の奇数全体の集合 Z を記号を用いて表せ．

ある集合を定義するのに，(I) のように元を列挙する方法を**外延的定義**とよぶ．一方，(II) のような方法を**内包的定義**とよぶ．

ちょっと寄り道　集合の内包的定義に出てくる縦線（|）は，ちょうど，英語の関係代名詞にあたる．たとえば，1 より大きい（greater than one）整数（integers）の集合（set）

$$\{x \in \mathbb{Z} \mid x > 1\}$$

を英語で表せば

the set of integers that are greater than one

である．関係代名詞 that のあとに，「1 より大きい」という条件が述べられている．ちなみに，「$x \in \mathbb{Z}$」などというときの記号「$\in$」は，「element」（元）の頭文字「e」（「ϵ」）をかたどっている．

基本 例題 1.1

導入例題 1.1 の状況において，「番号 k のボールが他のボールより重い」という事象を h_k と表すことにする（$1 \leq k \leq 10$）．考えられる事象全体の集合を X とする．外延的定義を用いて X を表せ．

【解答】　$X = \{h_1, h_2, h_3, h_4, h_5, h_6, h_7, h_8, h_9, h_{10}\}$. ■

基本 例題 1.2

導入例題 1.1 の状況において，ある手順にしたがって，天秤を 2 回使ったときの結果を表すのに，たとえば (l, r) と表したら，1 回目は左が重く，2 回目は右が重かったことを表すことにする．(r, e) は，1 回目は右が重く，2 回目はつり合ったことを表すことにする（l は「left」，r は「right」，e は「even（equal）」の頭文字である）．天秤を 2 回使ったときに想定されるすべての結果の集合を Y とする．外延的定義を用いて Y を表せ．

【解答】　$Y = \{(l,l), (l,r), (l,e), (r,l), (r,r), (r,e), (e,l), (e,r), (e,e)\}$. ■

問 1.2　導入例題 1.1 の状況において，天秤を n 回使ったときに想定されるすべての結果の集合を Z とする（n は自然数）．Z は何個の元からなる集合か．

1.2　写像の考え方

X, Y は集合とする．X の各元に Y の元を対応させるとき，その対応を X から Y への**写像**という．f が集合 X から Y への写像であることを

$$f\colon X \to Y$$

と表す．また，写像 $f\colon X \to Y$ によって集合 X の元 x に対応する Y の元を f による x の**像**とよび，$f(x)$ と表す．$y = f(x)$ であることを

$$f\colon x \mapsto y \quad \text{あるいは単に} \quad x \mapsto y$$

と表す．

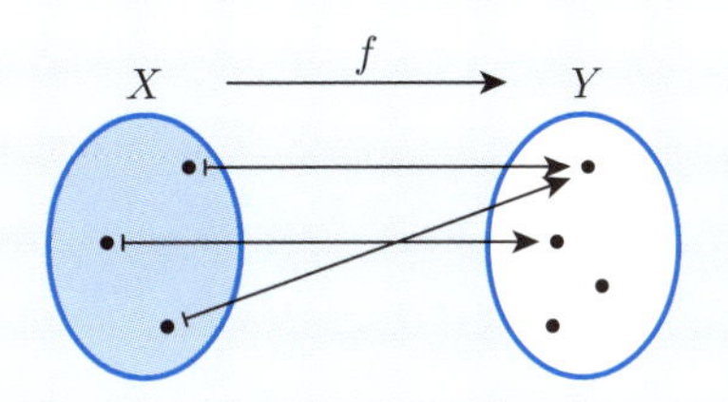

Y が数の集合（$\mathbb{R}$ や $\mathbb{C}$ など）の場合，写像 $f\colon X \to Y$ を**関数**とよぶ．

導入　例題 1.2

$X = \mathbb{Z}, Y = \{0, 1\}$ とし，写像 $f\colon X \to Y$ を次のように定める．

$$f(x) = \begin{cases} 0 & (x\text{ が偶数のとき}), \\ 1 & (x\text{ が奇数のとき}). \end{cases}$$

$f(4), f(5), f(0), f(-39)$ をそれぞれ求めよ．

【解答】　$f(4) = 0,\ f(5) = 1,\ f(0) = 0,\ f(-39) = 1.$ ■

確認　例題 1.2

$X = \{1, 2, 3, 4\}, Y = \{5, 6, 7, 8\}$ とし，写像 $g\colon X \to Y$ を次のように定める．

$$g(1) = 7, \quad g(2) = 8, \quad g(3) = 5, \quad g(4) = 7.$$

(1)　$a \neq b$, $g(a) = g(b)$ をみたす X の元 a, b の組合せをすべて求めよ．

(2)　$g(x)$（$x \in X$）という形に表すことのできない Y の元をすべて求めよ．

【解答】　(1)　「$a = 1,\ b = 4$」,「$a = 4,\ b = 1$」．　(2)　6．

注意：

(1)　確認例題 1.2 の写像 g を次のように表すこともある．

$$\begin{array}{cccc} g\colon & X & \to & Y \\ & \Psi & & \Psi \\ & 1 & \mapsto & 7 \\ & 2 & \mapsto & 8 \\ & 3 & \mapsto & 5 \\ & 4 & \mapsto & 7. \end{array}$$

(2)　集合から集合への写像を表す矢印は，たとえば

$$f\colon X \to Y$$

などのように，「$\to$」を用いる．一方，集合の元から元への矢印は

$$x \mapsto y$$

などのように，「$\mapsto$」を用いる．2つの矢印をきちんと区別しよう．

基本 例題 1.3

導入例題 1.1 の状況において，導入例題 1.1 (2) の解答の手順を 2 回で打ち切り，【手順その 3】は行わないことにする．「番号 k のボールが他より重い」という事象を h_k と表し（$1 \leq k \leq 10$），これらの事象全体の集合を X とする（基本例題 1.1 参照）．また，天秤を 2 回使ったときに想定されるすべての結果の集合を Y とする（基本例題 1.2 参照）．このとき，「番号 k のボールが他より重い」という事象 h_k に対して，その場合に生じる結果を $f(h_k)$ と定める（$1 \leq k \leq 10$）．このことにより，X の各元 h_k に対して Y の元 $f(h_k)$ が定まり，したがって，写像 $f\colon X \to Y$ が定義される．

(1)　$f(h_1)$ は何か．基本例題 1.2 の表記を用いて表せ．

(2)　$f(h_k)$（$2 \leq k \leq 10$）をすべて求めよ．

(3)　$1 \leq i < j \leq 10$, $f(h_i) = f(h_j)$ をみたす自然数 i, j の組合せをすべて求めよ．

【解答】　(1)　番号 1 のボールが他より重い場合，【手順その 1】では「左が重い」．【手順その 2】でも「左が重い」．よって，$f(h_1) = (l, l)$ である．

(2)　$f(h_2) = (l, r)$, $f(h_3) = (l, e)$, $f(h_4) = (r, l)$, $f(h_5) = (r, r)$, $f(h_6) = (r, e)$, $f(h_7) = (e, l)$, $f(h_8) = (e, r)$, $f(h_9) = (e, e)$, $f(h_{10}) = (e, e)$.

(3)　$f(h_9) = h(h_{10})$ であるので，$i = 9$, $j = 10$.　■

基本例題 1.3 において，「$f(h_9) = f(h_{10})$」ということは何を意味するだろうか？　それは，番号 9 のボールが重い場合でも，番号 10 のボールが重い場合でも，同じ結果になるので，番号 9 のボールが重いのか，番号 10 のボールが重いのか，判定できないということである．

問 1.3　導入例題 1.1 の状況において，導入例題 1.1 (2) の解答にある手順を 3 回目まで行う．ここで，天秤を 2 回使った時点で重いボールが特定できた場合も含めて，一律に

【手順その 3】:「番号 9 のボールを左に乗せ，番号 10 のボールを右に乗せる」

という 3 回目の手順を行うとしよう．「番号 k のボールが他より重い」という事象を h_k と表し（$1 \leq k \leq 10$），これらの事象全体の集合を X とする（基本例題 1.1 参照）．また，想定されるすべての結果の集合を Z とすると，Z は 27 個の元からなる（問 1.2 参照）．いま，番号 k のボールが他のボールより重いという状態のときに起こる結果を $g(h_k)$ と定めることにより（$1 \leq k \leq 10$），写像 $g\colon X \to Z$ が定義される．

(1)　$g(h_k)$ を基本例題 1.2 と同様の表記を用いて表せ（$1 \leq k \leq 10$）．

(2)　$1 \leq i < j \leq 10$, $g(h_i) = g(h_j)$ をみたす自然数 i, j は存在しない．その意味を述べよ．

1.3 単射・全射・全単射

定義 1.1　X, Y は集合とし，$f\colon X \to Y$ は写像とする．

(1)　X の元 x_1, x_2 に対して，「$x_1 \neq x_2 \Rightarrow f(x_1) \neq f(x_2)$」が成り立つとき，写像 $f\colon X \to Y$ は**単射**であるという．

(2)　Y の任意の元 y に対して，$f(x) = y$ をみたす X の元 x が存在するとき，$f\colon X \to Y$ は**全射**であるという．

(3)　$f\colon X \to Y$ が全射かつ単射であるとき，$f\colon X \to Y$ は**全単射**であるという．

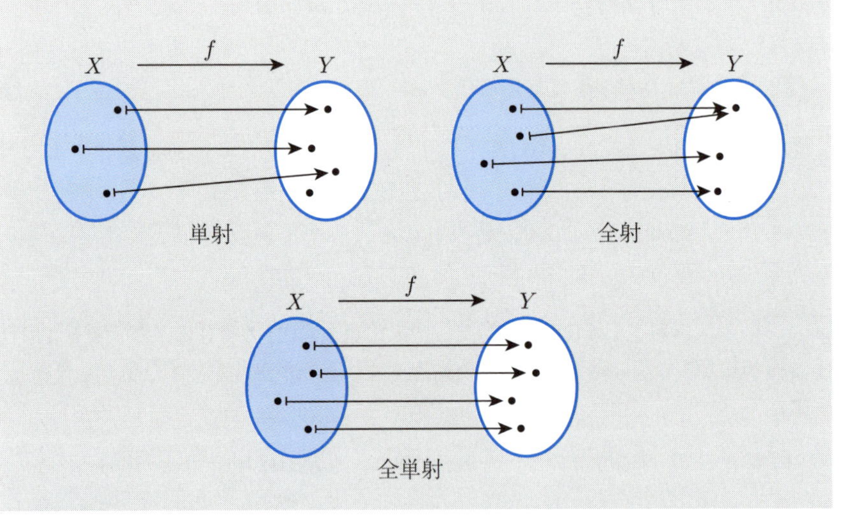

導入 例題 1.3

5人の男性 m_1, m_2, m_3, m_4, m_5 からなるグループと，5人の女性 w_1, w_2, w_3, w_4, w_5 からなるグループがある．

$$X = \{m_1, m_2, m_3, m_4, m_5\}, \quad Y = \{w_1, w_2, w_3, w_4, w_5\}$$

とおく．いま，男女1名ずつのカップルを作るゲームをするにあたって，男性は女性1人を指名することにする．男性 m_k が指名する女性を $f(m_k)$ と表す（$1 \leq k \leq 5$）．このことにより，写像 $f\colon X \to Y$ が定まる．

(1)　$f\colon X \to Y$ が次のように与えられたとする．

$$f(m_1) = w_2, \quad f(m_2) = w_5, \quad f(m_3) = w_4,$$
$$f(m_4) = w_5, \quad f(m_5) = w_1.$$

この写像 f が単射であるかどうかを判定せよ．

(2)　小問 (1) の写像 f が全射であるかどうかを判定せよ．

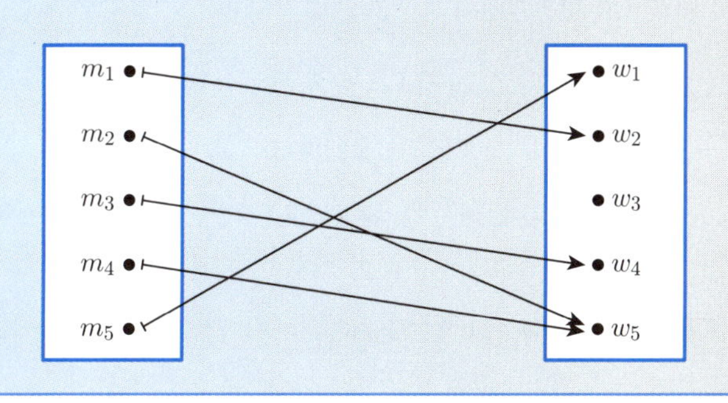

【解答】　(1)　単射ではない．2 人の男性 m_2 と m_4 が同一の女性 w_5 を指名しているからである．

(2)　全射ではない．女性 w_3 が誰からも指名されていないからである．■

ちょっと寄り道　「単射」や「全射」を理解するには，単射でない状況や，全射でない状況を考えてみるのもよい．たとえば，導入例題 1.3 において，「f が単射でない」，「f が全射でない」というのは，どういう状況だろうか？

確認 例題 1.3

写像 $f\colon \mathbb{R} \to \mathbb{R}$ を次のように定める．

$$f(x) = 2x \quad (x \in \mathbb{R}).$$

(1)　f が単射であるかどうかを判定せよ．

(2)　f が全射であるかどうかを判定せよ．

【解答】　(1)　$x_1 \neq x_2$ ならば，$f(x_1) - f(x_2) = 2(x_1 - x_2) \neq 0$ であるので，$f(x_1) \neq f(x_2)$ である．よって，f は単射である．

(2) 任意の実数 b に対して，$a = \dfrac{b}{2}$ とおけば

$$f(a) = 2a = b$$

が成り立つ．よって，f は全射である． ■

「$x_1 \neq x_2 \Rightarrow f(x_1) \neq f(x_2)$」の対偶は「$f(x_1) = f(x_2) \Rightarrow x_1 = x_2$」であるので，確認例題 1.3 (1) の解答は，次のように書くこともできる．

【解答】 実数 x_1, x_2 が $f(x_1) = f(x_2)$ をみたすと仮定する．このとき

$$2(x_1 - x_2) = 0$$

であるので，$x_1 - x_2 = 0$，すなわち，$x_1 = x_2$ が成り立つ．よって，f は単射である． ■

問 1.4 写像 $g\colon \mathbb{R} \to \mathbb{R}$ を次のように定める．

$$g(x) = x^2 \quad (x \in \mathbb{R}).$$

(1) g が単射であるかどうかを判定せよ．

(2) g が全射であるかどうかを判定せよ．

m, n は自然数とする．X は m 個の元からなる集合とし，Y は n 個の元からなる集合としよう．写像 $f\colon X \to Y$ が単射ならば，X の m 個の元の f による像はすべて異なるので，$m \leq n$ でなければならない．また，$f\colon X \to Y$ が全射ならば，Y の n 個の元に対して，その元に対応する X の元が必ず存在するので，$m \geq n$ でなければならない．よって，次のことがわかる．

Point m, n は自然数とする．X は m 個の元からなる集合とし，Y は n 個の元からなる集合とする．

- $m > n$ ならば，X から Y への単射写像は存在しない．
- $m < n$ ならば，X から Y への全射写像は存在しない．

ここまでに学んだことを使って，もう1度導入例題1.1を考えてみよう．

基本 例題 1.4

集合や写像の考え方を用いて，導入例題1.1 (3) に解答せよ．

【解答】 天秤を2回使って重いボールを特定できる手順が存在したと仮定して矛盾を導く．この手順を仮に手順 α とよぶことにしよう．

「番号 k のボールが他より重い」という事象を h_k と表し（$1 \leq k \leq 10$），そのような事象全体の集合を X とおく（基本例題1.1参照）．

$$X = \{h_1, h_2, h_3, h_4, h_5, h_6, h_7, h_8, h_9, h_{10}\}.$$

また，手順 α にしたがって天秤を2回使ったときに想定されるすべての結果の集合を Y とする（基本例題1.2参照．記法も基本例題1.2にしたがう）．

$$Y = \{(l,l),(l,r),(l,e),(r,l),(r,r),(r,e),(e,l),(e,r),(e,e)\}.$$

番号 k のボールが他より重かった場合，手順 α によって生じる結果を $f(h_k)$ と定めることにより，写像 $f\colon X \to Y$ が定まる（基本例題1.3参照）．このとき，X は10個の元からなる集合であり，Y は9個の元からなる集合であるので，f は単射ではない．したがって

$$i \neq j, \quad f(h_i) = f(h_j)$$

をみたす1以上10以下の自然数 i, j が存在する．このとき，番号 i のボールが重い場合でも，番号 j のボールが重い場合でも，結果が同じであるので，それがどちらの事象から生じた結果であるのかを判定できない．したがって，2回だけ天秤を用いて，重いボールを特定する方法は存在しない． ■

ちょっと寄り道 基本例題1.4の解答は，「結論が成り立たないと仮定すると矛盾が生じる」という論法を用いている．このような論法を**背理法**という．

一般に，不可能であることの証明には，あらゆる可能性の全体を把握することが必要となることが多く，集合や写像の考え方がしばしば有効である．

1.4　部分集合・和集合・共通部分

2つの実数 x, y の組合せ (x, y) を1つの「もの」とみなし，そのような組合せ全体の集合を $\mathbb{R}^2$ と表す．

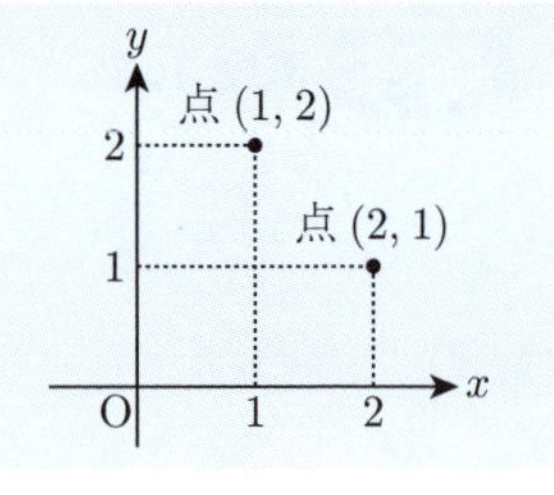

$$\mathbb{R}^2 = \{(x, y) \mid x \in \mathbb{R},\ y \in \mathbb{R}\}.$$

たとえば，$(1, 2) \in \mathbb{R}^2$, $(2, 1) \in \mathbb{R}^2$ である．ここで，$(1, 2)$ と $(2, 1)$ は異なるものと考える．$\mathbb{R}^2$ の元を平面上の点の座標とみなせば，$\mathbb{R}^2$ は座標平面を表すと考えられる．

導入 例題 1.4

$\mathbb{R}^2$ を座標平面と考える．

(1)　集合 $A = \{(x, y) \in \mathbb{R}^2 \mid x^2 + y^2 < 9\}$ を図示せよ．

(2)　集合 $B = \{(x, y) \in \mathbb{R}^2 \mid (x-1)^2 + y^2 < 1\}$ を図示せよ．

(3)　集合 $C = \{(x, y) \in \mathbb{R}^2 \mid (x+3)^2 + y^2 < 1\}$ を図示せよ．

(4)　$D = \{(x, y) \in \mathbb{R}^2 \mid (x-1)^2 + y^2 < 0\}$ はどのような集合か．

【解答】　(1)　A は，原点を中心とし，半径が3の円の内部である．

(2)　B は，点 $(1, 0)$ を中心とし，半径が1の円の内部である．

(3)　C は，点 $(-3, 0)$ を中心とし，半径が1の円の内部である．

(4)　任意の実数 x, y に対して $(x-1)^2 + y^2 \geqq 0$ が成り立つので，D に属する元は存在しない．よって，D は元を1つも含まない集合である．■

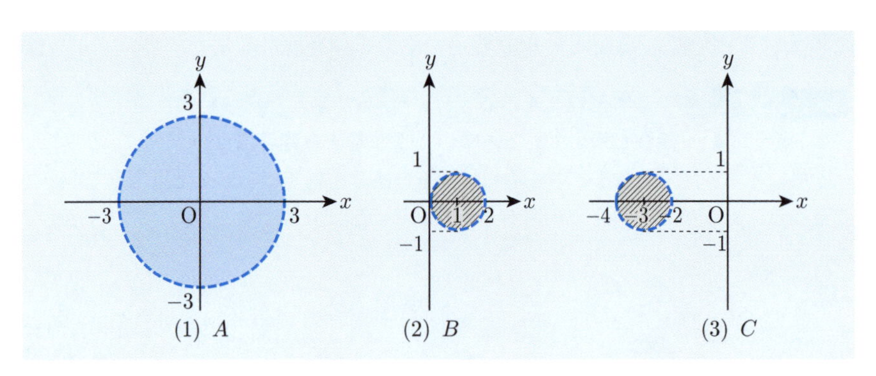

(1) A　　(2) B　　(3) C

導入例題 1.4 (4) の集合 D のように，元を 1 つも含まない集合を**空集合**とよび，「$\emptyset$」という記号で表す．

$$D = \emptyset.$$

注意：1.2 節において，「集合 X から Y への写像」を定義したが，正確にいえば，X, Y は空集合でない集合であることを仮定する必要がある．

導入例題 1.4 の集合 A, B, C は元を無限個含む．このような集合を**無限集合**とよぶ．一方，有限個の元しか含まない集合を**有限集合**とよぶ．

X が有限集合のとき，X に含まれる元の個数を $\#(X)$ という記号で表す．たとえば，確認例題 1.1 (1) の集合 X は 7 個の元からなるので

$$\#(X) = 7$$

である．空集合でない有限集合 X, Y について，次の 2 つの条件 (a), (b) は同値であることに注意しよう．

(a)　X から Y への全単射写像 $f\colon X \to Y$ が存在する．

(b)　$\#(X) = \#(Y)$.

ここで，導入例題 1.4 の集合 A, B, C を同一の座標平面上に表してみよう．

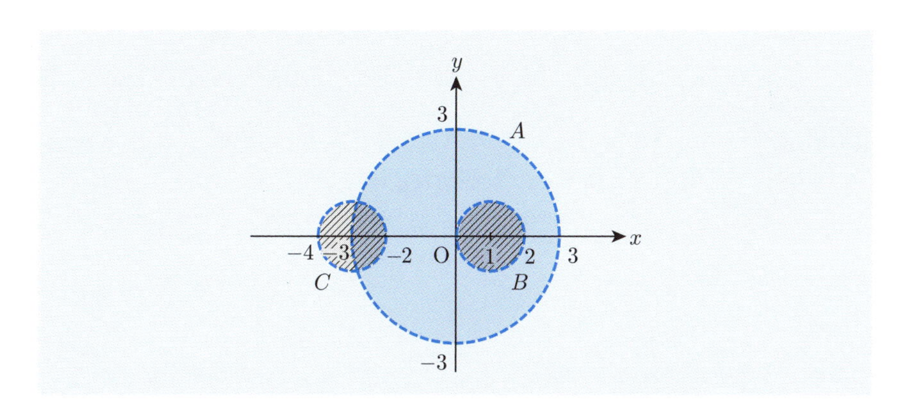

この図からわかるように，集合 B は集合 A の中に完全に含まれている．このようなとき，B は A の**部分集合**であるといい

$$B \subset A \quad \text{または} \quad A \supset B$$

と表す．集合 C は A の部分集合ではない．このことを

$$C \not\subset A \quad \text{または} \quad A \not\supset C$$

と表す．

集合 A, B に対して，次の 2 つの条件 (a), (b) は同値である．

(a) 集合 B は集合 A の部分集合である．

(b) 集合 B に属する任意の元は A に属する．

特に，A 自身は A の部分集合である．また，空集合 $\emptyset$ は A の部分集合であると約束する．

また，集合 B が集合 A の部分集合であり，なおかつ，$B \neq A$ であるとき，B は A の**真部分集合**であるといい

$$B \subsetneqq A, \quad B \subsetneq A, \quad A \supsetneqq B, \quad A \supsetneq B$$

などと表す．

確認 例題 1.4

次の 2 つの集合 X, Y を考える．

$$X = \{m \in \mathbb{Z} \mid m \text{ は } 4 \text{ の倍数}\}, \quad Y = \{n \in \mathbb{Z} \mid n \text{ は } 12 \text{ の倍数}\}.$$

このとき，$Y \subset X$ が成り立つことを示せ．

【解答】 Y の任意の元が X に属することを示すことによって，$Y \subset X$ を示す．y を Y の任意の元とすると，ある整数 q に対して

$$y = 12q$$

と表される．このとき

$$y = 4(3q)$$

と変形できるので，y は 4 の倍数である．よって，$y \in X$ である．Y の任意の元 y が X に属するので，$Y \subset X$ が示される． ■

問 1.5 次の 2 つの集合 X, Y を考える．

$$X = \{4a + 6b \mid a, b \in \mathbb{Z}\}, \quad Y = \{2c \mid c \in \mathbb{Z}\}.$$

このとき，$X \subset Y$ を示せ．

基本 例題 1.5

問 1.5 の 2 つの集合 X, Y について，$X = Y$ が成り立つことを示せ.

【解答】 「$X \subset Y$」かつ「$Y \subset X$」を示すことによって，$X = Y$ を示す.「$X \subset Y$」は問 1.5 で示されている. そこで，Y の任意の元 y をとり，$y \in X$ であることを示す. $y \in Y$ であるので，ある整数 p が存在して

$$y = 2p$$

が成り立つ. このとき，$2 = -4 + 6$ であることに注意すれば

$$y = (-4+6)p = 4 \cdot (-p) + 6p$$

が得られる. そこで，$a = -p, b = p$ とおけば

$$y = 4a + 6b \quad (a, b \in \mathbb{Z})$$

と表される. よって，$y \in X$ である. Y の任意の元 y が X に属するので，$Y \subset X$ が示される.

$X \subset Y$ とあわせれば，$X = Y$ が示される. ■

Point　2 つの集合 X, Y について

- 「$X \subset Y$」を示すには,「X の任意の元が Y に属する」ことを示せばよい.
- 「$X = Y$」を示すには,「$X \subset Y$」かつ「$Y \subset X$」を示せばよい.

X は集合とし，A, B は X の部分集合とする. A にも B にも属する元全体の集合を A と B の**共通部分**（**交わり**）といい

$$A \cap B$$

と表す. A と B の少なくともどちらか一方には属する元全体の集合を A と B の**和集合**（**合併集合**）といい

$$A \cup B$$

と表す.

確認 例題 1.5

導入例題 1.4 の集合 A, C について，$A \cap C$ と $A \cup C$ を座標平面上に図示せよ．

【解答】 A と C の交わっている部分が $A \cap C$ であり，A と C をあわせた部分が $A \cup C$ である．

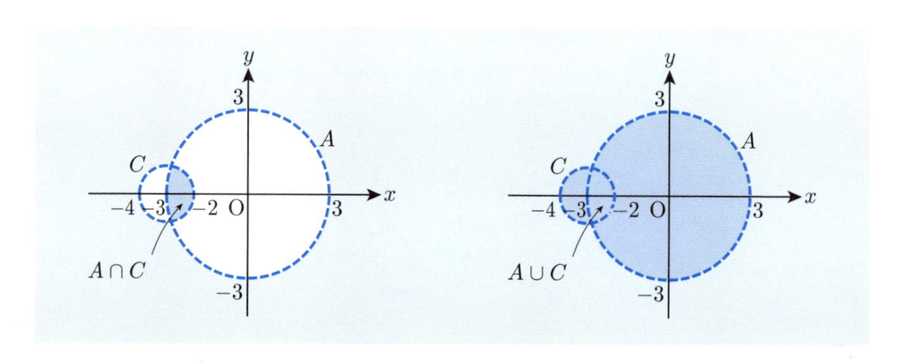

■

A, B が集合 X の部分集合であるとき，$A \cap B$ と $A \cup B$ のイメージは次のようなものである．このようなイメージ図は，**ベン図**とよばれる．

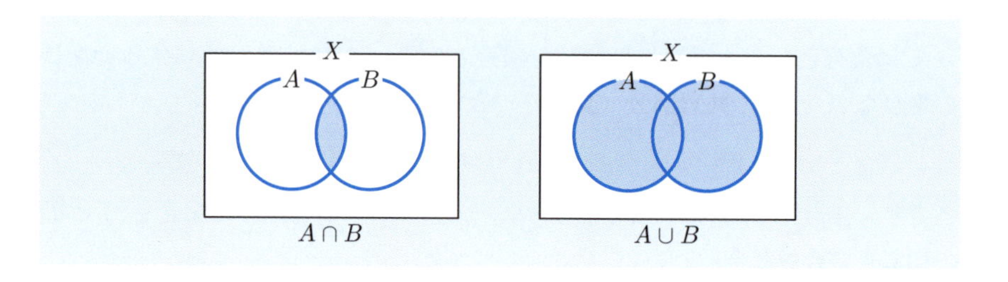

集合 X の3つの部分集合 A, B, C についても，$A \cap B \cap C$, $A \cup B \cup C$ が定義できる．ベン図は次のように表される．

注意：ベン図は，あくまでもイメージ図であるので，あまり頼りすぎないようにしたい．

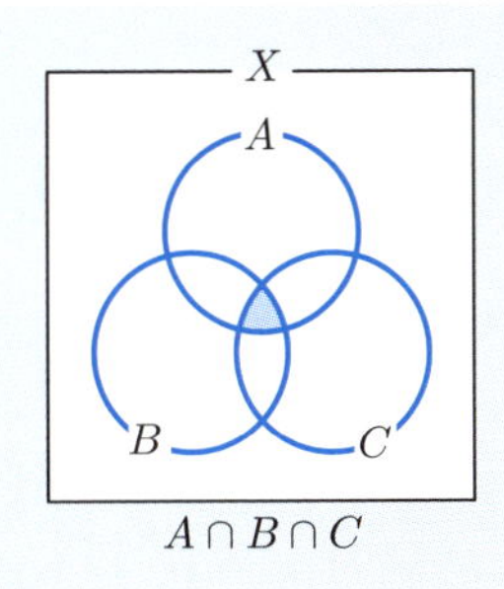

$A \cap B \cap C$

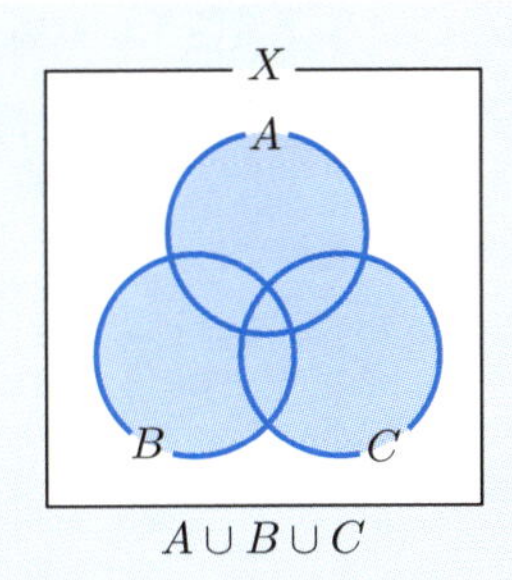

$A \cup B \cup C$

A, B を X の部分集合とするとき，$A \cap B$, $A \cup B$ は次のように表される．

$$A \cap B = \{z \in X \mid z \in A \text{ かつ } z \in B\},$$
$$A \cup B = \{z \in X \mid z \in A \text{ または } z \in B\}.$$

注意：「$z \in A$ または $z \in B$」というときは，z が A にも B にも属する場合も含む．つまり，「z が A と B の少なくともどちらか一方には属する」という意味である．

$A_1, A_2, \ldots, A_k$ を集合 X の部分集合とするとき，$A_1 \cap A_2 \cap \cdots \cap A_k$ を $\bigcap_{i=1}^{k} A_i$ と表し，$A_1 \cup A_2 \cup \cdots \cup A_k$ を $\bigcup_{i=1}^{k} A_i$ と表す．

$$\bigcap_{i=1}^{k} A_i = \{x \in X \mid \text{任意の } i \ (1 \leq i \leq k) \text{ に対して } x \in A_i\},$$
$$\bigcup_{i=1}^{k} A_i = \{x \in X \mid \text{ある } i \ (1 \leq i \leq k) \text{ に対して } x \in A_i\}.$$

確認　例題 1.6

$\mathbb{Z}$ の部分集合 A, B, C を

$$A = \{1, 2, 3, 6\}, \quad B = \{1, 2, 5, 10\}, \quad C = \{1, 3, 5, 15\}$$

と定める．このとき，$A \cap B$, $A \cup B$, $A \cap B \cap C$, $A \cup B \cup C$ を求めよ．

【解答】　$A \cap B = \{1, 2\}$, $A \cup B = \{1, 2, 3, 5, 6, 10\}$,
$A \cap B \cap C = \{1\}$, $A \cup B \cup C = \{1, 2, 3, 5, 6, 10, 15\}$. ■

問 1.6　A, B, C は確認例題 1.6 の集合とする.

(1)　$A \cap (B \cup C)$ を求めよ.

(2)　$(A \cap B) \cup (A \cap C)$ を求め，小問 (1) の結果と一致することを確かめよ.

(3)　$A \cup (B \cap C)$ を求めよ.

(4)　$(A \cup B) \cap (A \cup C)$ を求め，小問 (3) の結果と一致することを確かめよ.

基本 例題 1.6

X は集合とし，A, B, C は X の部分集合とするとき，等式

$$A \cap (B \cup C) = (A \cap B) \cup (A \cap C) \tag{1.1}$$

が成り立つことを示したい.

(1)　等式 (1.1) が成り立つことをベン図を用いて説明せよ.

(2)　$A \cap (B \cup C)$ に属する任意の元 x が $(A \cap B) \cup (A \cap C)$ にも属することを示せ.

(3)　$(A \cap B) \cup (A \cap C)$ に属する任意の元 y が $A \cap (B \cup C)$ にも属することを示せ.

(4)　等式 (1.1) が成り立つことを示せ.

【解答】　(1)　$A, B \cup C, A \cap (B \cup C)$ は下の図のように表される.

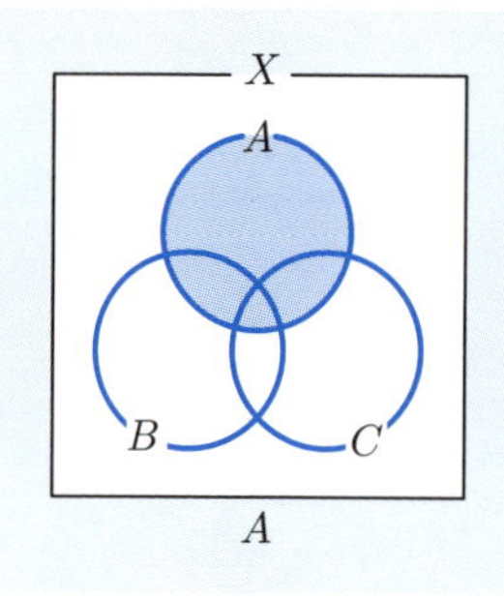

A

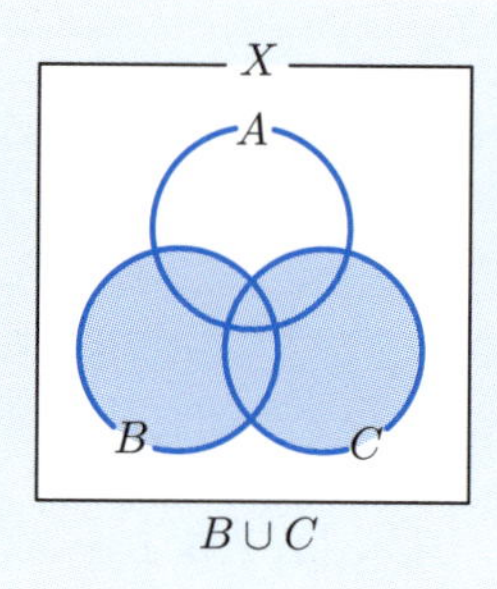

$B \cup C$

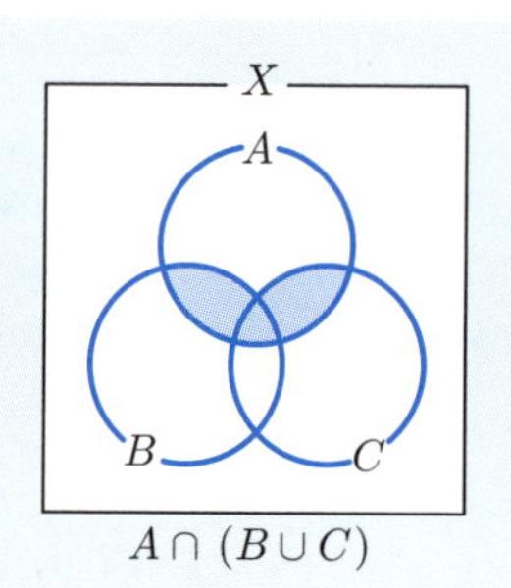

$A \cap (B \cup C)$

一方，$A \cap B, A \cap C, (A \cap B) \cup (A \cap C)$ は次の図のように表される.
この図を比べれば，等式 (1.1) が成り立つことが見てとれる.

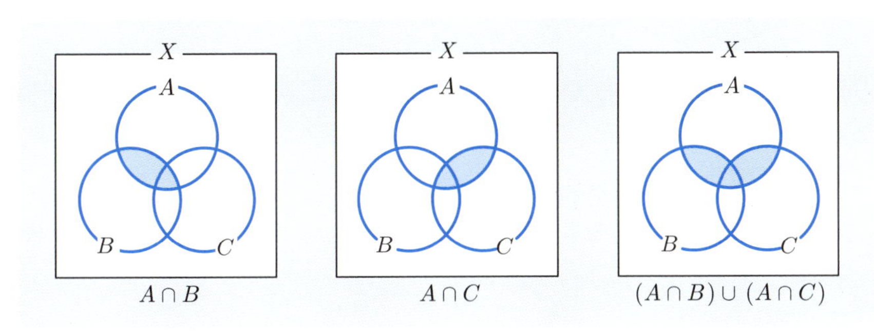

$A \cap B$ $A \cap C$ $(A \cap B) \cup (A \cap C)$

(2) $x \in A \cap (B \cup C)$ とすると

$$x \in A \quad \text{かつ} \quad x \in B \cup C$$

が成り立つ．$x \in B \cup C$ であるので

$$x \in B \quad \text{または} \quad x \in C$$

が成り立つ．$x \in B$ ならば,「$x \in A$ かつ $x \in B$」より，$x \in A \cap B$ となる．$x \in C$ ならば,「$x \in A$ かつ $x \in C$」より，$x \in A \cap C$ となる．したがって

$$x \in A \cap B \quad \text{または} \quad x \in A \cap C$$

が得られる．よって，$x \in (A \cap B) \cup (A \cap C)$ が成り立つ．

(3) $y \in (A \cap B) \cup (A \cap C)$ とすると

$$y \in A \cap B \quad \text{または} \quad y \in A \cap C$$

が成り立つ．$y \in A \cap B$ ならば特に $y \in B$ であり，$y \in A \cap C$ ならば特に $y \in C$ であるので，このとき

$$y \in B \quad \text{または} \quad y \in C$$

が成り立つ．したがって，$y \in B \cup C$ が成り立つ．一方，$y \in A \cap B$ ならば特に $y \in A$ であり，$y \in A \cap C$ ならば特に $y \in A$ であるので，いずれにせよ，$y \in A$ となる．以上のことをあわせれば

$$y \in A \quad \text{かつ} \quad y \in B \cup C$$

が得られる．よって，$y \in A \cap (B \cup C)$ が成り立つ．

(4) 小問 (2) より

$$A \cap (B \cup C) \subset (A \cap B) \cup (A \cap C)$$

が得られ，小問 (3) より

$$A \cap (B \cup C) \supset (A \cap B) \cup (A \cap C)$$

が得られるので，これらをあわせれば等式 (1.1) が得られる． ■

問 1.7 X は集合とし，A, B, C は X の部分集合とするとき，等式

$$A \cup (B \cap C) = (A \cup B) \cap (A \cup C)$$

が成り立つことを示せ．

1.5 補集合・差集合

集合 Y が集合 X の部分集合であるとき，Y に属さない X の元全体の集合

$$\{x \in X \mid x \notin Y\}$$

を X における Y の**補集合**とよび

$$Y^c$$

と表す．このとき，X を**全体集合**とよぶ．

注意：ひと口に「補集合」といっても，全体集合が何であるかによって意味が変わることに注意しよう．

確認 例題 1.7

導入例題 1.4 において，座標平面 $\mathbb{R}^2$ を全体集合と考える．

(1) A^c, C^c をそれぞれ図示せよ．

(2) $(A \cap C)^c$ と $A^c \cup C^c$ を図示し，両者が一致することを確かめよ．

【解答】 (1) 次の図のように表される．

(2) 2つの集合はどちらも次のように表されるので，両者は等しい．

■

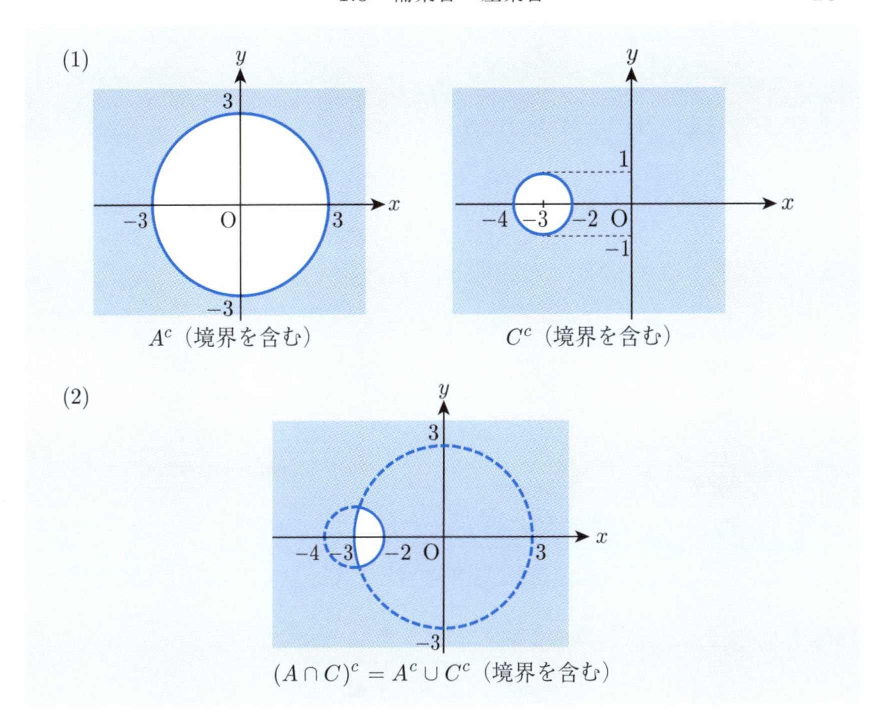

問 1.8　導入例題 1.4 において，座標平面 $\mathbb{R}^2$ を全体集合と考える．$(A \cup C)^c$ と $A^c \cap C^c$ を図示し，両者が一致することを確かめよ．

基本 例題 1.7

X は全体集合とし，A, B は X の部分集合とする．このとき

$$(A \cap B)^c = A^c \cup B^c$$

が成り立つ．その理由を論理的に説明せよ．

【解答】　X の元 x について，次が成り立つ．

$$x \in (A \cap B)^c$$
$\Leftrightarrow x \notin A \cap B$
$\Leftrightarrow$「x が A と B の両方に属する」ということはない
$\Leftrightarrow x \notin A$ または $x \notin B$ の少なくともどちらかが成り立つ

$\Leftrightarrow x \in A^c$ または $x \in B^c$ の少なくともどちらかが成り立つ

$\Leftrightarrow x \in A^c \cup B^c$.

したがって，$(A \cap B)^c = A^c \cup B^c$ が成り立つ． ■

問 1.9　X は全体集合とし，A, B は X の部分集合とする．このとき

$$(A \cup B)^c = A^c \cap B^c$$

が成り立つ．その理由を論理的に説明せよ．

X は集合とし，A, B は X の部分集合とする．A には属するが，B には属さない元全体の集合を $A \setminus B$ と表し，この集合を A から B を引いた**差集合**とよぶ．

確認 例題 1.8

導入例題 1.4 の状況において，差集合 $A \setminus C$ を図示せよ．

【解答】　$A \setminus C$ は，A に属するが C には属さない点全体の集合である．

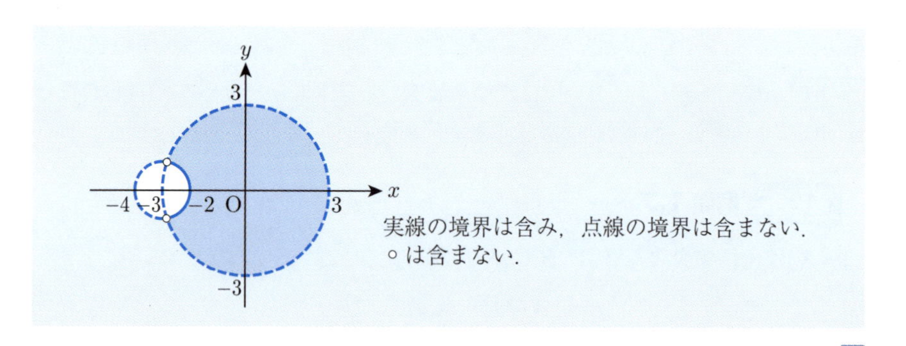

■

問 1.10　導入例題 1.4 の状況において，差集合 $C \setminus A$ を図示せよ．

X は集合とし，A, B は X の部分集合とするとき，次が成り立つ．

$$A \setminus B = \{x \in X \mid x \in A \text{ かつ } x \notin B\},$$
$$B \setminus A = \{x \in X \mid x \in B \text{ かつ } x \notin A\}.$$

これらのイメージは，ベン図を用いて次のように表される．

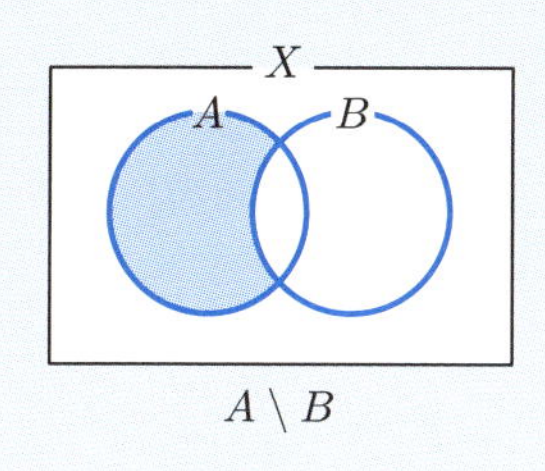

$A \setminus B$

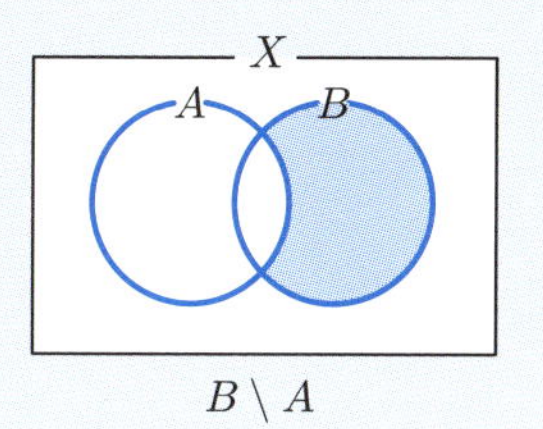

$B \setminus A$

問 1.11 確認例題 1.6 の集合 A, B に対して，$A \setminus B$, $B \setminus A$ を求めよ．

1.6 集合の直積

導入 例題 1.5

1 から 6 までの目を持つ 2 つのサイコロ A, B を同時に投げたときに出る目の組合せについて考える．いま，

「サイコロ A の目が i，サイコロ B の目が j」

という組合せを (i, j) と表すことにする（$1 \leq i \leq 6$, $1 \leq j \leq 6$）．

(1) 2 つのサイコロの目の組合せは全部で何通りあるか．

(2) 2 つのサイコロの目の組合せ全体からなる集合を上の記号を用いて表せ．

【解答】 (1) $6 \times 6 = 36$（通り）．

(2) たとえば，次のように表すことができる．

$$\{(i, j) \mid i \in \mathbb{N},\ j \in \mathbb{N},\ 1 \leq i \leq 6,\ 1 \leq j \leq 6\}.$$

■

問 1.12 1 から 6 までの目を持つ 3 つのサイコロ A, B, C を同時に投げたときに出る目の組合せ全体の集合を導入例題 1.5 と同様の記号を用いて表せ．

導入例題 1.5 や問 1.12 のように，いくつかの集合の元の組合せ全体からなる集合を考えよう．

定義 1.2

(1)　X, Y は集合とする．X の元 x と Y の元 y の組合せ (x, y) 全体の集合を $X \times Y$ と表し，X と Y の**直積**（**直積集合**）とよぶ．

$$X \times Y = \{(x, y) \mid x \in X,\ y \in Y\}.$$

(2)　集合 $X_1, X_2, \ldots, X_k$ に対して

$$(x_1, x_2, \ldots, x_k) \quad (x_1 \in X_1,\ x_2 \in X_2,\ \ldots,\ x_k \in X_k)$$

という形の元の組合せ全体の集合を

$$X_1 \times X_2 \times \cdots \times X_k \quad \text{あるいは} \quad \prod_{i=1}^{k} X_i$$

と表し，$X_1, X_2, \ldots, X_k$ の**直積**（**直積集合**）とよぶ．

$$\prod_{i=1}^{k} X_i = \{(x_1, x_2, \ldots, x_k) \mid x_1 \in X_1,\ x_2 \in X_2,\ \ldots,\ x_k \in X_k\}.$$

導入例題 1.5 において

$$X = \{1, 2, 3, 4, 5, 6\}$$

とおけば，2つのサイコロ A, B の目の組合せ全体の集合は

$$X \times X$$

と表すことができる．

確認 例題 1.9

$X = \{a, b, c\}$, $Y = \{p, q\}$ とするとき，直積集合 $X \times Y$ を外延的定義を用いて表せ．

【解答】　$X \times Y = \{(a, p), (a, q), (b, p), (b, q), (c, p), (c, q)\}$. ■

確認例題 1.9 において

$$\#(X) = 3, \quad \#(Y) = 2, \quad \#(X \times Y) = \#(X)\#(Y) = 6$$

が成り立つことに注意しよう．一般に，有限集合 $X_1, X_2, \ldots, X_k$ に対して

$$\#(X_1 \times X_2 \times \cdots \times X_k) = \#(X_1)\#(X_2)\cdots\#(X_k)$$

が成り立つ．

同一の集合 X の k 個の直積

$$\underbrace{X \times X \times \cdots \times X}_{k\text{ 個}}$$

は，X^k とも表される．たとえば，$\mathbb{R} \times \mathbb{R} = \mathbb{R}^2$ である．

$$\mathbb{R}^2 = \{(x, y) \mid x \in \mathbb{R}, y \in \mathbb{R}\}.$$

これはまさしく，1.4 節の冒頭に述べた座標平面である．

注意：

(1) 直積集合 $X_1 \times X_2 \times \cdots \times X_k$ の元 $(x_1, x_2, \ldots, x_k)$ を 1 つの記号（たとえば x）で表すこともある．

$$x = (x_1, x_2, \ldots, x_k).$$

(2) 集合 X の異なる元 a, b に対して，X^2 の元 (a, b) と (b, a) は異なるものであることに注意しよう．

問 1.13 基本例題 1.2 の集合 Y は，ある集合 A を用いて，$Y = A^2$ と表される．A はどのような集合か．

1.7 集合族の考え方

各自然数 n に対して実数 a_n が与えられれば，数列

$$a_1, a_2, a_3, \ldots$$

ができる．この数列を $(a_n)_{n \in \mathbb{N}}$ という記号で表す．

同様のことを集合についても考えてみよう．各自然数 n に対して集合 X_n が与えられれば，集合の列

$$X_1, X_2, X_3, \ldots$$

ができる．この集合の列を

$$(X_n)_{n\in\mathbb{N}}$$

という記号で表す．

より一般に，「集合族」というものを考えることができる．

定義 1.3　Λ は空集合でない集合とする．Λ の各元 λ に対して集合 X_λ が与えられているとき，**集合族**

$$(X_\lambda)_{\lambda\in\Lambda}$$

が与えられているという．特に，各 X_λ $(\lambda\in\Lambda)$ がある1つの集合 X の部分集合であるとき，$(X_\lambda)_{\lambda\in\Lambda}$ は X の**部分集合の族**とよばれる．

Λ はギリシャ文字の「ラムダ」の大文字である．その小文字が λ である．

$\Lambda=\{1,2\}$ のとき，集合族 $(X_\lambda)_{\lambda\in\Lambda}$ は，2つの集合

$$X_1,\ X_2$$

を並べたものと考えることができる．実際，$\lambda=1$ のとき $X_\lambda=X_1$ であり，$\lambda=2$ のとき $X_\lambda=X_2$ である．

導入 例題 1.6

(1)　$\Lambda=\{1,2,3\}$ のとき，集合族 $(X_\lambda)_{\lambda\in\Lambda}$ は，どのようなものと考えられるか．

(2)　集合の列

$$X_1,X_2,X_3,\ldots$$

を集合族 $(X_\lambda)_{\lambda\in\Lambda}$ と考える．このとき，Λ はどのような集合か．

【解答】　(1)　3つの集合 $X_1,\ X_2,\ X_3$ を並べたものと考えられる．

(2)　$\Lambda=\mathbb{N}$ とすればよい．■

次に，集合族の共通部分や和集合を考えよう．

定義 1.4　Λ は空集合でない集合とし，$(X_\lambda)_{\lambda\in\Lambda}$ は集合 X の部分集合の族とする．

(1)　すべての X_λ $(\lambda \in \Lambda)$ に属する元全体の集まりを $(X_\lambda)_{\lambda\in\Lambda}$ の**共通部分**（**交わり**）とよび，この集合を $\bigcap_{\lambda\in\Lambda} X_\lambda$ と表す．

$$\bigcap_{\lambda\in\Lambda} X_\lambda = \{x \in X \mid \Lambda \text{ の任意の元 } \lambda \text{ に対して } x \in X_\lambda\}.$$

(2)　少なくともどれか 1 つの X_λ $(\lambda \in \Lambda)$ に属する元全体の集まりを $(X_\lambda)_{\lambda\in\Lambda}$ の**和集合**（**合併集合**）とよび，この集合を $\bigcup_{\lambda\in\Lambda} X_\lambda$ と表す．

$$\bigcup_{\lambda\in\Lambda} X_\lambda = \{x \in X \mid \Lambda \text{ のある元 } \lambda \text{ に対して } x \in X_\lambda\}.$$

たとえば，$\Lambda = \{1, 2, 3\}$ のとき，集合 X の部分集合の族 $(X_\lambda)_{\lambda\in\Lambda}$ に対して

$$\bigcap_{\lambda\in\Lambda} X_\lambda = X_1 \cap X_2 \cap X_3, \quad \bigcup_{\lambda\in\Lambda} X_\lambda = X_1 \cup X_2 \cup X_3$$

が成り立つ．

特に，$\Lambda = \mathbb{N} = \{1, 2, 3, \ldots\}$ のときは，$\bigcap_{n\in\mathbb{N}} X_n$ を $\bigcap_{n=1}^{\infty} X_n$ と表し，$\bigcup_{n\in\mathbb{N}} X_n$ を $\bigcup_{n=1}^{\infty} X_n$ と表す．

$$\bigcap_{n=1}^{\infty} X_n = \{x \in X \mid \text{任意の自然数 } n \text{ に対して } x \in X_n\},$$

$$\bigcup_{n=1}^{\infty} X_n = \{x \in X \mid \text{ある自然数 } n \text{ に対して } x \in X_n\}.$$

注意： $\bigcap_{n=1}^{\infty} X_n$，$\bigcup_{n=1}^{\infty} X_n$ という表記は，形式的なものである．「∞」という数は存在せず，X_∞ という集合も存在しないことに注意しよう．

確認 例題 1.10

自然数 n に対して，$\mathbb{R}$ の部分集合 X_n を

$$X_n = \left\{ x \in \mathbb{R} \;\middle|\; \frac{1}{n} \leq x \leq 1 \right\}$$

と定めることにより，集合族 $(X_n)_{n \in \mathbb{N}}$ が定まる．このとき

$$\bigcap_{n=1}^{\infty} X_n = \{1\}$$

が成り立つことを次の手順にしたがって示せ．

(1) $\{1\} \subset \bigcap_{n=1}^{\infty} X_n$ を示せ．

(2) 実数 z が $z \in \bigcap_{n=1}^{\infty} X_n$ をみたすならば，$z = 1$ であることを示せ．

(3) $\bigcap_{n=1}^{\infty} X_n = \{1\}$ を示せ．

【解答】 (1) 任意の自然数 n に対して，$\frac{1}{n} \leq 1 \leq 1$ であるので，$1 \in X_n$ が成り立つ．よって，$1 \in \bigcap_{n=1}^{\infty} X_n$ であり，$\{1\} \subset \bigcap_{n=1}^{\infty} X_n$ が成り立つ．

(2) $z \in \bigcap_{n=1}^{\infty} X_n$ ならば，任意の自然数 n に対して $z \in X_n$ であるので，特に

$$z \in X_1 = \{x \in \mathbb{R} \mid 1 \leq x \leq 1\} = \{1\}$$

が成り立つ．よって，$z = 1$ である．

(3) 小問 (2) より $\bigcap_{n=1}^{\infty} X_n \subset \{1\}$ である．小問 (1) とあわせれば，求める等式が得られる． ■

確認 例題 1.11

確認例題 1.10 の集合族 $(X_n)_{n\in\mathbb{N}}$ について

$$\bigcup_{n=1}^{\infty} X_n = \{x \in \mathbb{R} \mid 0 < x \leq 1\} \tag{1.2}$$

が成り立つことを次の手順にしたがって示せ.

(1) 上の式 (1.2) の右辺の集合を Y とおく. $\bigcup_{n=1}^{\infty} X_n \subset Y$ を示せ.

(2) $Y \subset \bigcup_{n=1}^{\infty} X_n$ を示せ.

(3) 上の式 (1.2) が成り立つことを示せ.

【解答】 (1) $\bigcup_{n=1}^{\infty} X_n$ の任意の元 x をとると, ある自然数 p に対して, $x \in X_p$ が成り立つ. このとき

$$0 < \frac{1}{p} \leq x \leq 1$$

であるので, $x \in Y$ となる. $\bigcup_{n=1}^{\infty} X_n$ の任意の元 x が Y に属するので

$$\bigcup_{n=1}^{\infty} X_n \subset Y$$

が成り立つ.

(2) z を Y の任意の元とすると, $0 < z \leq 1$ が成り立つ. 自然数 m を

$$m > \frac{1}{z}$$

をみたすように選ぶと

$$\frac{1}{m} < z \leq 1$$

が成り立つので, $z \in X_m$ となる. したがって

$$z \in \bigcup_{n=1}^{\infty} X_n$$

となる．Y の任意の元 z が $\bigcup_{n=1}^{\infty} X_n$ に属するので

$$Y \subset \bigcup_{n=1}^{\infty} X_n$$

が成り立つ．

(3) 小問 (1) と小問 (2) の結果をあわせれば，式 (1.2) が得られる． ■

問 1.14 $\mathbb{R}$ の部分集合の族 $(Y_n)_{n\in\mathbb{N}}$ を次のように定める．

$$Y_n = \left\{ x \in \mathbb{R} \;\middle|\; |x| < \frac{1}{n} \right\} \quad (n \in \mathbb{N}).$$

このとき，$\bigcap_{n=1}^{\infty} Y_n = \{0\}$ が成り立つことを示せ．

基本 例題 1.8

$(A_\lambda)_{\lambda\in\Lambda}$ は集合 X の部分集合の族とする．X における A_λ の補集合を A_λ^c と表す．

(1) $\left(\bigcap_{\lambda\in\Lambda} A_\lambda\right)^c = \bigcup_{\lambda\in\Lambda} A_\lambda^c$ が成り立つ．その理由を説明せよ．

(2) $\left(\bigcup_{\lambda\in\Lambda} A_\lambda\right)^c = \bigcap_{\lambda\in\Lambda} A_\lambda^c$ が成り立つ．その理由を説明せよ．

【解答】 (1) X の元 x に対して

$$x \in \left(\bigcap_{\lambda\in\Lambda} A_\lambda\right)^c$$

$\Leftrightarrow$「x がすべての A_λ に属する」というわけではない

$\Leftrightarrow$ ある $\mu \in \Lambda$ に対して $x \notin A_\mu$

$\Leftrightarrow$ ある $\mu \in \Lambda$ に対して $x \in A_\mu^c$

$$\Leftrightarrow x \in \bigcup_{\lambda \in \Lambda} A_\lambda^c$$

が成り立つことによる．

(2)　X の元 x に対して

$$x \in \left(\bigcup_{\lambda \in \Lambda} A_\lambda\right)^c$$

$\Leftrightarrow$「ある $\mu \in \Lambda$ が存在して $x \in A_\mu$ となる」ということはない

$\Leftrightarrow$ 任意の $\lambda \in \Lambda$ に対して $x \notin A_\lambda$

$\Leftrightarrow$ 任意の $\lambda \in \Lambda$ に対して $x \in A_\lambda^c$

$$\Leftrightarrow x \in \bigcap_{\lambda \in \Lambda} A_\lambda^c$$

が成り立つことによる．■

1.8　合成写像

導入 例題 1.7

関数 $f(t) = t + 1$, $g(x) = x^2$ を考える．$g\bigl(f(t)\bigr)$ はどのような関数か．具体的な形を書け．

【解答】　$g\bigl(f(t)\bigr) = g(t+1) = (t+1)^2$. ■

導入例題 1.7 の関数 $g\bigl(f(t)\bigr)$ は f と g の**合成関数**とよばれる．いま，関数 f, g を $\mathbb{R}$ から $\mathbb{R}$ への写像と考えると，次のように表すことができる．

$$\begin{array}{ccccc} f & : & \mathbb{R} & \to & \mathbb{R} \\ & & \rotatebox{90}{$\in$} & & \rotatebox{90}{$\in$} \\ & & t & \mapsto & t+1, \end{array} \qquad \begin{array}{ccccc} g & : & \mathbb{R} & \to & \mathbb{R} \\ & & \rotatebox{90}{$\in$} & & \rotatebox{90}{$\in$} \\ & & x & \mapsto & x^2. \end{array}$$

ここで，$t \in \mathbb{R}$ を写像 f によって $t+1$ にうつし，さらに写像 g によって $(t+1)^2$ にうつすという操作をつなぎ合わせた写像を考えると，t が $g\bigl(f(t)\bigr)$ にうつされる．

$$\begin{array}{ccccc} \mathbb{R} & \xrightarrow{f} & \mathbb{R} & \xrightarrow{g} & \mathbb{R} \\ \Psi & & \Psi & & \Psi \\ t & \mapsto & t+1 & \mapsto & (t+1)^2 \end{array}$$

（$\Leftarrow$ これが $g\bigl(f(t)\bigr)$ である）.

定義 1.5 X, Y, Z は空集合でない集合とし，2つの写像

$$f\colon X \to Y, \quad g\colon Y \to Z$$

を考える．X の元 x に対して Z の元 $g\bigl(f(x)\bigr)$ を対応させる写像を f と g の**合成写像**とよび，$g \circ f$ と表す．

$$\begin{array}{ccccc} g \circ f & : & X & \to & Z \\ & & \Psi & & \Psi \\ & & x & \mapsto & g\bigl(f(x)\bigr). \end{array}$$

確認 例題 1.12

$X = \{1,2,3\}$, $Y = \{4,5,6,7\}$, $Z = \{8,9,10\}$ とし，2つの写像 $f\colon X \to Y$, $g\colon Y \to Z$ が次のように定まっているとする．

$$\begin{array}{ccccc} f & : & X & \to & Y \\ & & \Psi & & \Psi \\ & & 1 & \mapsto & 4 \\ & & 2 & \mapsto & 5 \\ & & 3 & \mapsto & 6, \end{array} \qquad \begin{array}{ccccc} g & : & Y & \to & Z \\ & & \Psi & & \Psi \\ & & 4 & \mapsto & 8 \\ & & 5 & \mapsto & 9 \\ & & 6 & \mapsto & 10 \\ & & 7 & \mapsto & 8. \end{array}$$

このとき，合成写像 $g \circ f\colon X \to Z$ はどのような写像か．具体的に表せ．

【解答】

$$g\bigl(f(1)\bigr) = g(4) = 8, \quad g\bigl(f(2)\bigr) = g(5) = 9, \quad g\bigl(f(3)\bigr) = g(6) = 10$$

であるので，$g \circ f\colon X \to Z$ は次のように表される．

$$
\begin{array}{ccccc}
g \circ f & : & X & \to & Z \\
& & \Psi & & \Psi \\
& & 1 & \mapsto & 8 \\
& & 2 & \mapsto & 9 \\
& & 3 & \mapsto & 10.
\end{array}
$$

■

問 1.15 $X = \{1, 2, 3, 4\}$, $Y = \{5, 6, 7, 8\}$, $Z = \{9, 10, 11\}$ とし，2 つの写像 $f\colon X \to Y$, $g\colon Y \to Z$ が次のように定まっているとする．

$$
\begin{array}{ccccc}
f & : & X & \to & Y \\
& & \Psi & & \Psi \\
& & 1 & \mapsto & 5 \\
& & 2 & \mapsto & 6 \\
& & 3 & \mapsto & 7 \\
& & 4 & \mapsto & 5,
\end{array}
\qquad
\begin{array}{ccccc}
g & : & Y & \to & Z \\
& & \Psi & & \Psi \\
& & 5 & \mapsto & 9 \\
& & 6 & \mapsto & 10 \\
& & 7 & \mapsto & 11 \\
& & 8 & \mapsto & 10.
\end{array}
$$

このとき，合成写像 $g \circ f\colon X \to Z$ はどのような写像か．具体的に表せ．

ちょっと寄り道 合成写像 $g \circ f$ を考えるとき，右側の写像 f が先にほどこされ，左側の写像 g は f に引き続いてほどこされる．

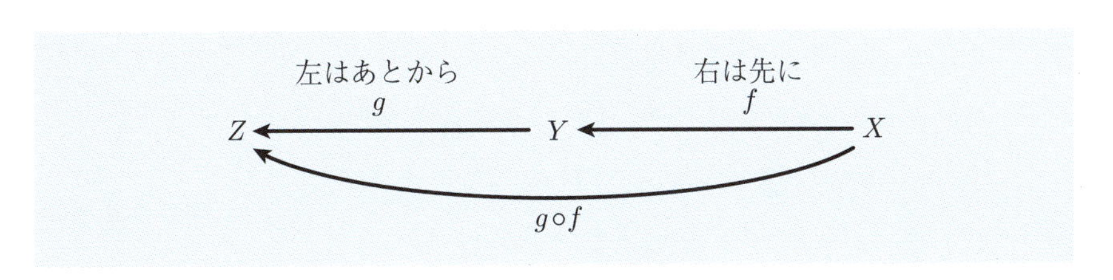

このようなことになるのは

$$
g \circ f(x) = g\bigl(f(x)\bigr)
$$

という式が成り立つようにしたためであり，結局，それは $f(x)$ という記号において，f を x の左側に書くことに原因がある．

基本 例題 1.9

X, Y, Z は空集合でない集合とし，$f\colon X \to Y$, $g\colon Y \to Z$ は写像とする．

(1) f, g が単射であるとする．このとき，$g \circ f$ は単射であることを示せ．
(2) $g \circ f$ が単射であるとする．このとき，f は単射であることを示せ．

解答の前に，「単射」について，復習しておこう．

$f\colon X \to Y$ が単射 $\Leftrightarrow$ $x_1, x_2 \in X$ に対して「$f(x_1) = f(x_2) \Rightarrow x_1 = x_2$」．

【解答】 (1) $x_1, x_2 \in X$ に対して

$$g \circ f(x_1) = g \circ f(x_2) \Rightarrow x_1 = x_2$$

を示すことにより，$g \circ f$ が単射であることを示す．

X の元 x_1, x_2 が $g \circ f(x_1) = g \circ f(x_2)$ をみたすと仮定する．このとき

$$g\big(f(x_1)\big) = g\big(f(x_2)\big)$$

となる．仮定より，写像 g は単射であるので

$$f(x_1) = f(x_2)$$

が成り立つ．さらに，f も単射であるので

$$x_1 = x_2$$

が得られる．よって，$g \circ f$ は単射である．

(2) X の元 x_1, x_2 が $f(x_1) = f(x_2)$ をみたすと仮定する．このとき

$$g \circ f(x_1) = g\big(f(x_1)\big) = g\big(f(x_2)\big) = g \circ f(x_2)$$

となる．仮定より，$g \circ f$ は単射であるので

$$x_1 = x_2$$

が成り立つ．「$f(x_1) = f(x_2)$」という仮定のもと，「$x_1 = x_2$」という結論が得られたので，f は単射である． ■

注意：基本例題 1.9 の状況において，$g \circ f$ が単射であっても，g が単射であるとは限らない（問 1.16 参照）．

問 1.16 確認例題 1.12 の写像 f, g について，$g \circ f$ は単射であるが，g は単射でないことを確かめよ．

基本 例題 1.10

X, Y, Z は空集合でない集合とし，$f\colon X \to Y$, $g\colon Y \to Z$ は写像とする．

(1) f, g が全射であるとする．このとき，$g \circ f$ は全射であることを示せ．

(2) $g \circ f$ が全射であるとする．このとき，g は全射であることを示せ．

解答の前に，「全射」について，復習しておこう．

$f\colon X \to Y$ が全射

$\Leftrightarrow$ Y の任意の元 y に対して $f(x) = y$ をみたす X の元 x が存在する．

【解答】 (1) z を Z の任意の元とする．仮定より，g は全射であるので

$$g(y) = z$$

をみたす Y の元 y が存在する．さらに，f は全射であるので

$$f(x) = y$$

をみたす X の元 x が存在する．このとき

$$z = g(y) = g\bigl(f(x)\bigr) = g \circ f(x)$$

が成り立つ．Z の任意の元 z に対して，$g \circ f(x) = z$ をみたす X の元 x が存在するので，$g \circ f$ は全射である．

(2) Z の任意の元 w をとる．仮定より，$g \circ f$ は全射であるので

$$g \circ f(u) = w$$

をみたす X の元 u が存在する．ここで，$v = f(u)$ とおくと

$$g(v) = g\bigl(f(u)\bigr) = g \circ f(u) = w$$

が成り立つ．Z の任意の元 w に対して，$g(v) = w$ をみたす Y の元 v が存在するので，g は全射である． ■

注意：基本例題 1.10 の状況において，$g \circ f$ が全射であっても，f が全射であるとは限らない（問 1.17 参照）．

問 1.17　問 1.15 の写像 f, g について，$g \circ f$ は全射であるが，f は全射でないことを確かめよ．

基本例題 1.9 (1)，基本例題 1.10 (1) より，次のことがわかる．

Point　$f\colon X \to Y$, $g\colon Y \to Z$ が全単射ならば，$g \circ f\colon X \to Z$ も全単射である．

1.9　逆写像・恒等写像

導入 例題 1.8

変数 x, y の間に

$$y = 3x + 2$$

という関係式が成り立つとき，x を y の式で表せ．

【解答】　x について逆に解けば，次の式が得られる．

$$x = \frac{1}{3}(y - 2).$$

■

導入例題 1.8 において

$$f(x) = 3x + 2, \quad g(y) = \frac{1}{3}(y - 2)$$

とおくと，次のことが成り立つ．

$$y = f(x) \Leftrightarrow x = g(y).$$

このような場合，関数 $g(y)$ は関数 $f(x)$ の**逆関数**であるという．一般に，写像に対しても，逆関数にあたるものが定義できる．

導入 例題 1.9

X, Y は空集合でない集合とし，写像 $f\colon X \to Y$ は全単射であると仮定する．このとき，Y の任意の元 y に対して

$$f(x) = y$$

をみたす X の元 x がただ 1 つ存在することを示せ．

【解答】 f は全射であるので，$f(x) = y$ をみたす X の元 x が存在する．また，X の元 x, x' が

$$f(x) = f(x') = y$$

をみたすとすると，f が単射であることより

$$x = x'$$

が成り立つ．したがって，$f(x) = y$ をみたす X の元 x はただ 1 つである． ■

定義 1.6 X, Y は空集合でない集合とし，写像 $f\colon X \to Y$ は全単射であると仮定する．このとき，Y の元 y に対して

$$f(x) = y$$

をみたす X の元 x を対応させる写像を f の**逆写像**とよび

$$f^{-1}\colon Y \to X$$

と表す（すなわち，「$f^{-1}(y) = x \Leftrightarrow f(x) = y$」となるように f^{-1} を定める）．

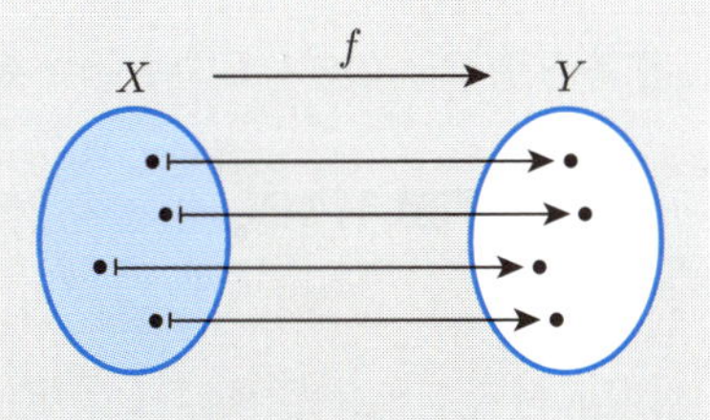

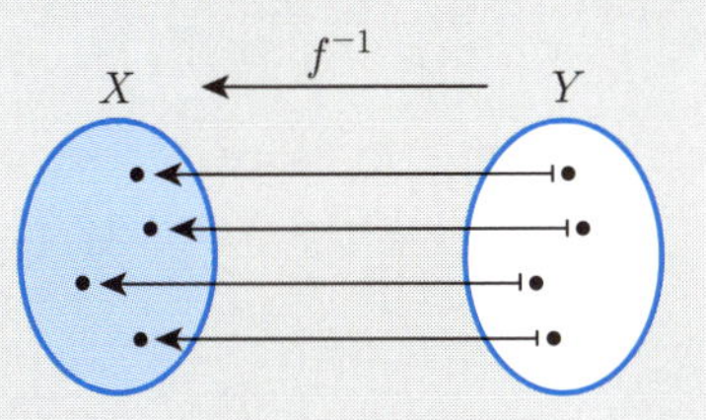

注意：f が全単射のときのみ，逆写像 f^{-1} を定義する．f が単射でないとすると，Y のある元 y に対して，$f(x) = y$ をみたす X の元 x が 1 つに定まらない．また，f が全射でないとすると，Y のある元 y に対して，$f(x) = y$ をみたす X の元 x が存在しない．

問 1.18 $X = \{1, 2, 3\}$, $Y = \{a, b, c\}$ とし，写像 $f\colon X \to Y$ を

$$f(1) = a, \quad f(2) = c, \quad f(3) = b$$

と定める．このとき，逆写像 $f^{-1}\colon Y \to X$ はどのような写像か．具体的に表せ．

逆写像について，別の見方をしてみよう．

定義 1.7 X は空集合でない集合とする．X の任意の元 x に対して x 自身を対応させることによって，X から X 自身への写像ができる．この写像を**恒等写像**（identity map）とよび

$$\mathrm{id}_X\colon X \to X \quad \text{あるいは} \quad \mathrm{id}\colon X \to X$$

と表す．

$$\begin{array}{ccccc} \mathrm{id}_X & : & X & \to & X \\ & & \Cup & & \Cup \\ & & x & \mapsto & x. \end{array}$$

恒等写像は，もちろん全単射である．

確認 例題 1.13

$X = \mathbb{R}$, $Y = \mathbb{R}$ とし，写像 $f\colon X \to Y$, $g\colon Y \to X$ を次のように与える（導入例題 1.8 の解答後の解説参照）．

$$\begin{array}{ccccc} f & : & X & \to & Y \\ & & \Cup & & \Cup \\ & & x & \mapsto & 3x+2, \end{array} \qquad \begin{array}{ccccc} g & : & Y & \to & X \\ & & \Cup & & \Cup \\ & & y & \mapsto & \dfrac{1}{3}(y-2). \end{array}$$

このとき

$$g \circ f = \mathrm{id}_X, \quad f \circ g = \mathrm{id}_Y$$

が成り立つことを示せ．

解答の前に，2つの写像が等しいとはどういうことかを述べておく．

Point　X_1, Y_1, X_2, Y_2 は空集合でない集合とし

$$f_1\colon X_1 \to Y_1,\quad f_2\colon X_2 \to Y_2$$

は写像とする．次の 3 つの条件 (a), (b), (c) がすべて成り立つとき，写像 f_1 と f_2 は「等しい」と考える．

(a)　$X_1 = X_2$.

(b)　$Y_1 = Y_2$.

(c)　X_1（$= X_2$）の任意の元 x に対して，$f_1(x) = f_2(x)$.

確認例題 1.13 の解答を述べよう．

【解答】　$g \circ f$ も id_X も X から X への写像である．また，X の任意の元 x に対して

$$g \circ f(x) = g(3x+2) = \frac{1}{3}(3x+2-2) = x = \mathrm{id}_X(x)$$

が成り立つ．したがって，$g \circ f$ と id_X は同一の写像である．

同様に，$f \circ g$ も id_Y も Y から Y への写像である．また，Y の任意の元 y に対して

$$f \circ g(y) = f\left(\frac{1}{3}(y-2)\right) = 3 \cdot \frac{1}{3}(y-2) + 2 = y = \mathrm{id}_Y(y)$$

が成り立つ．したがって，$f \circ g$ と id_Y は同一の写像である．■

問 1.19　問 1.18 の状況において

$$f^{-1} \circ f = \mathrm{id}_X,\quad f \circ f^{-1} = \mathrm{id}_Y$$

が成り立つことを確かめよ．

確認 例題 1.14

X, Y は空集合でない集合とし，写像 $f\colon X \to Y$ は全単射とする．このとき，写像 f と逆写像 f^{-1} に対して

$$f^{-1} \circ f = \mathrm{id}_X,\quad f \circ f^{-1} = \mathrm{id}_Y$$

が成り立つことを示せ．

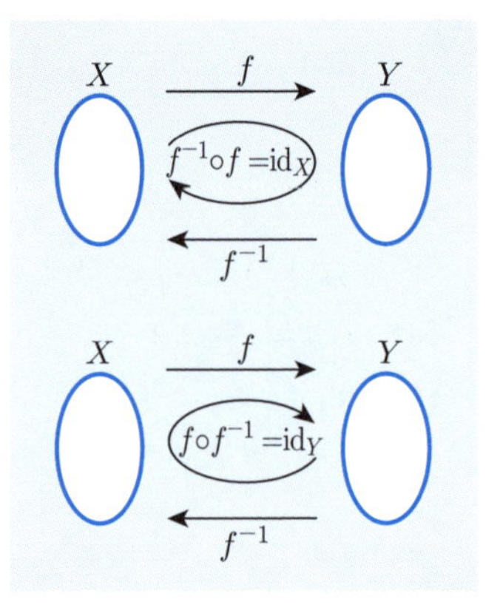

【解答】　X の任意の元 x をとる．$f(x)=y$ とおくと，$f^{-1}(y)=x$ であるので

$$f^{-1}\circ f(x)=f^{-1}\big(f(x)\big)=f^{-1}(y)$$
$$=x=\mathrm{id}_X(x)$$

が成り立つ．よって，$f^{-1}\circ f=\mathrm{id}_X$ である．また，Y の任意の元 v をとり，$f^{-1}(v)=u$ とおくと，$f(u)=v$ であるので

$$f\circ f^{-1}(v)=f\big(f^{-1}(v)\big)=f(u)$$
$$=v=\mathrm{id}_Y(v)$$

が成り立つ．よって，$f\circ f^{-1}=\mathrm{id}_Y$ である．■

基本 例題 1.11

X, Y は空集合でない集合とし，$f\colon X\to Y$, $g\colon Y\to X$ は

$$g\circ f=\mathrm{id}_X,\quad f\circ g=\mathrm{id}_Y$$

をみたすと仮定する．

(1)　f, g は全単射であることを示せ．

(2)　$g=f^{-1}$ であることを示せ．

【解答】　(1)　$g\circ f=\mathrm{id}_X$ であるので，特に $g\circ f$ は単射である．よって，基本例題 1.9 (2) より，f は単射である．また，$g\circ f$ は全射であるので，基本例題 1.10 (2) より，g は全射である．

同様に，$f\circ g$ は単射であるので，基本例題 1.9 (2) より，g は単射である．$f\circ g$ は全射であるので，基本例題 1.10 (2) より，f は全射である．

以上のことをあわせれば，f, g が全単射であることがわかる．

(2)　小問 (1) より，f は全単射であるので，逆写像 $f^{-1}\colon Y\to X$ が存在する．いま，Y の任意の元 y をとる．$f^{-1}(y)=x$ とおくと，$f(x)=y$ である．ここで，$g\circ f=\mathrm{id}_X$ であることに注意すれば

$$f^{-1}(y)=x=\mathrm{id}_X(x)=g\circ f(x)=g\big(f(x)\big)=g(y)$$

が得られる．よって，$g=f^{-1}$ である．■

基本例題 1.11 によれば，「逆写像」を次のように定義することもできる．

定義 1.8 X, Y は空集合でない集合とし，$f\colon X \to Y$ は写像とする．Y から X への写像 $g\colon Y \to X$ であって

$$g \circ f = \mathrm{id}_X, \quad f \circ g = \mathrm{id}_Y$$

をみたすものが存在するとき，この写像 g を f の**逆写像**とよび，f^{-1} と表す．

基本 例題 1.12

定義 1.8 について，太郎君は次のように考えた．

【太郎君の考え】「定義 1.8 において，2 つの条件式

$$g \circ f = \mathrm{id}_X, \quad f \circ g = \mathrm{id}_Y$$

を仮定しているが，1 つだけで十分ではないだろうか？　たとえば

$$g \circ f = \mathrm{id}_X$$

が成り立てば，g は f の逆写像である，といえるのではないだろうか？」

これに対して，次郎君は次のように答えた．

【次郎君の答え】「それは違うと思う．たとえば，$X = \mathbb{R}, Y = \mathbb{R}^2$ とし，写像 $f\colon X \to Y, g\colon Y \to X$ を

$$\begin{array}{ccccccccc} f & : & \mathbb{R} & \to & \mathbb{R}^2 & \qquad g & : & \mathbb{R}^2 & \to & \mathbb{R} \\ & & \cup & & \cup & & & \cup & & \cup \\ & & x & \mapsto & (x, 0), & & & (x_1, x_2) & \mapsto & x_1 \end{array}$$

と定めると，反例になっていると思う．」

(1)　次郎君のあげた例について，$g \circ f = \mathrm{id}_X$ が成り立つことを示せ．

(2)　次郎君のあげた例について，$f \circ g \neq \mathrm{id}_Y$ となることを確かめ，g が f の逆写像であるとはいえないことを示せ．

【解答】 (1)　任意の $x \in \mathbb{R}$ に対して

$$g \circ f(x) = g\bigl(f(x)\bigr) = g\bigl((x, 0)\bigr) = x = \mathrm{id}_X(x)$$

が成り立つので，$g \circ f = \mathrm{id}_X$ となる．

(2)　$f \circ g$ は次のような写像であるので，$f \circ g \neq \mathrm{id}_Y$ である．

$$\begin{array}{ccccc} f \circ g & : & \mathbb{R}^2 & \to & \mathbb{R}^2 \\ & & \Psi & & \Psi \\ & & (x_1, x_2) & \mapsto & (x_1, 0) \end{array}$$

実際，$f \circ g\bigl((x_1, x_2)\bigr) = f(x_1) = (x_1, 0)$ である（$(x_1, x_2) \in \mathbb{R}^2$）．

このとき，$y = (0, 1) \in \mathbb{R}^2$ とし，$x = g(y)$ とおくと

$$x = 0, \quad f(x) = (0, 0) \neq y$$

となるので，g が f の逆写像であるとはいえない．

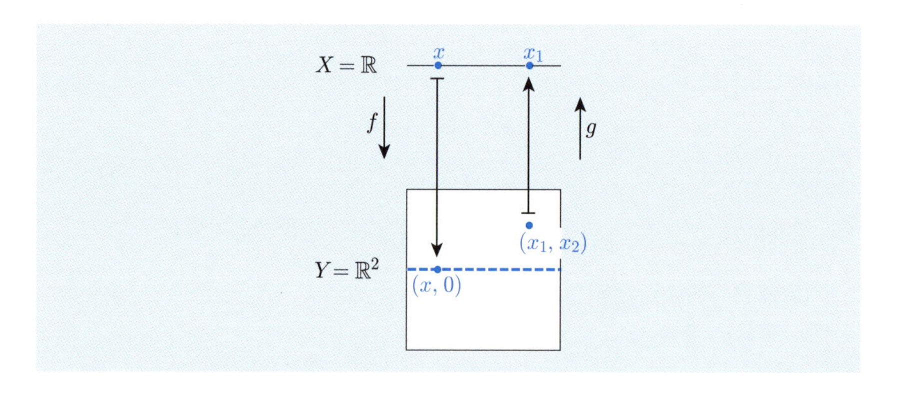

■

注意：基本例題 1.12 の解答において，「任意の $x \in \mathbb{R}$ に対して」とあるのは，「任意の実数 x に対して」という意味である．数学の書物では，しばしばこのような書き方をする．

1.10　像

導入 例題 1.10

2 つの変数 x, y の間に

$$y = x^2 - 2x$$

という関係があるとする．

(1)　x がすべての実数の範囲を動くとき，y のとり得る値の範囲を求めよ．

(2)　x が

$$-2 \leq x \leq 2$$

という範囲を動くとき，y のとり得る値の範囲を求めよ．

【解答】　x と y の関係式は

$$y = (x-1)^2 - 1$$

と変形することができ，そのグラフは次のように表される．

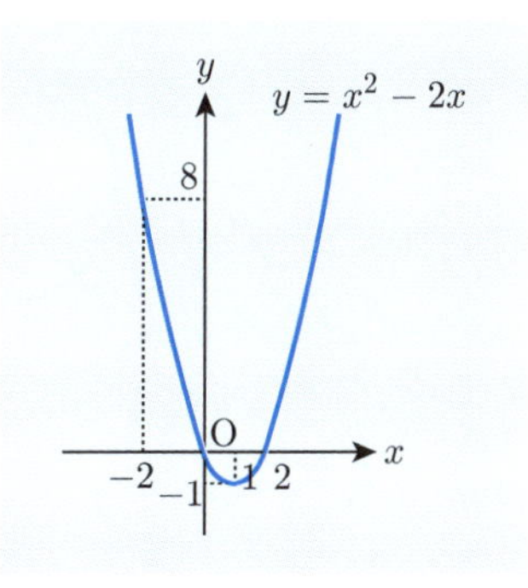

このグラフから，小問 (1)，小問 (2) の解答が次のように得られる．

(1)　$y \geq -1$.

(2)　$-1 \leq y \leq 8$.　■

導入例題 1.10 について，もう少し考察しよう．

$$f(x) = x^2 - 2x, \quad X = \mathbb{R}, \quad Y = \mathbb{R}$$

とおき，f を X から Y への写像と考える．

$$\begin{array}{ccccc} f & : & X & \to & Y \\ & & \cup\!\!\!\!\!\shortparallel & & \cup\!\!\!\!\!\shortparallel \\ & & x & \mapsto & x^2 - 2x. \end{array}$$

導入例題 1.10 (1) によれば，$y \in Y$ について

$$y \geq 1 \Leftrightarrow \text{ある } x \in X \text{ が存在して } y = f(x) \text{ をみたす}$$

ということが成り立つ．したがって，次の等式が成り立つ．

$$\{y \in Y \mid y \geq 1\} = \{y \in Y \mid \text{ある } x \in X \text{ が存在して } y = f(x) \text{ をみたす}\}$$
$$= \{f(x) \mid x \in X\}.$$

一般に，次の定義をしよう．

定義 1.9　X, Y は空集合でない集合とし，$f\colon X \to Y$ は写像とする．Y の部分集合 $f(X)$ を

$$f(X) = \{y \in Y \mid \text{ある } x \in X \text{ が存在して } y = f(x) \text{ をみたす}\}$$
$$= \{f(x) \mid x \in X\}$$

と定め，これを f の**像** (image)，あるいは，**f による X の像**とよぶ．$f(X)$ は $\mathrm{Im}(f)$ とも表す．

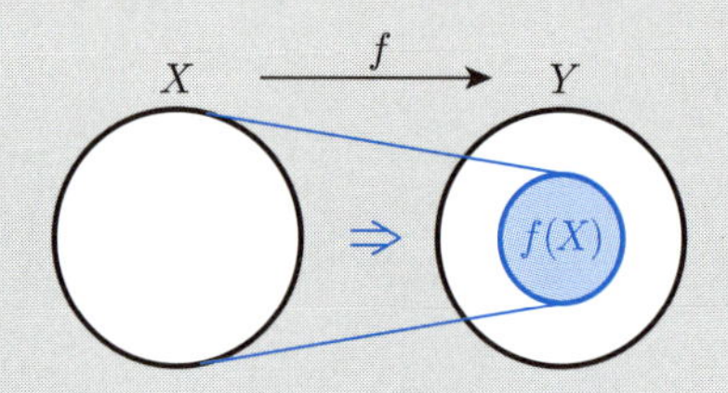

注意：写像 $f\colon X \to Y$ について，$f(X) = Y$ であることは，f が全射であることと同値である．

今度は，導入例題 1.10 (2) の状況を考えよう．

$$A = \{x \in \mathbb{R} \mid -2 \leq x \leq 2\}, \quad B = \{y \in \mathbb{R} \mid -1 \leq y \leq 8\}$$

とおくと，A と B には次のような関係がある．

$$B = \{y \in \mathbb{R} \mid \text{ある } x \in A \text{ が存在して } y = f(x) \text{ をみたす}\}$$
$$= \{f(x) \mid x \in A\}.$$

そこで，定義 1.9 をさらに一般化しよう．

定義 1.10　X, Y は空集合でない集合とし，$f\colon X \to Y$ は写像とする．A は X の部分集合とする．このとき，Y の部分集合 $f(A)$ を

$$\begin{aligned} f(A) &= \{y \in Y \mid \text{ある } x \in A \text{ が存在して } y = f(x) \text{ をみたす}\} \\ &= \{f(x) \mid x \in A\} \end{aligned}$$

と定め，これを f による A の**像**（image）とよぶ．

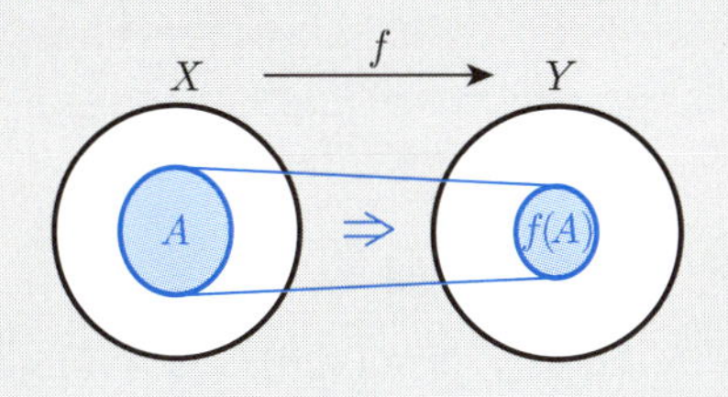

確認　例題 1.15

$X = \mathbb{R}^2, Y = \mathbb{R}$ とし，写像 $f\colon X \to Y$ を

$$\begin{array}{cccc} f: & X & \to & Y \\ & \uplus & & \uplus \\ & (x_1, x_2) & \mapsto & x_1 \end{array}$$

と定める．

(1)　f の像 $f(X)$ を求めよ．

(2)　X の部分集合 A を

$$A = \{(x_1, x_2) \in X \mid x_1^2 + x_2^2 < 1\}$$

と定める．このとき，f による A の像 $f(A)$ を求めよ．

解答の前に，写像 f のイメージをつかんでおこう．写像 f は，座標平面上の点に対して，その第 1 座標を対応させるものである．したがって

$$f(X) = \mathbb{R}\ (= Y), \quad f(A) = \{x \in \mathbb{R} \mid |x| < 1\}$$

であると考えられるが，もう少し論理的な解答をつけておく．

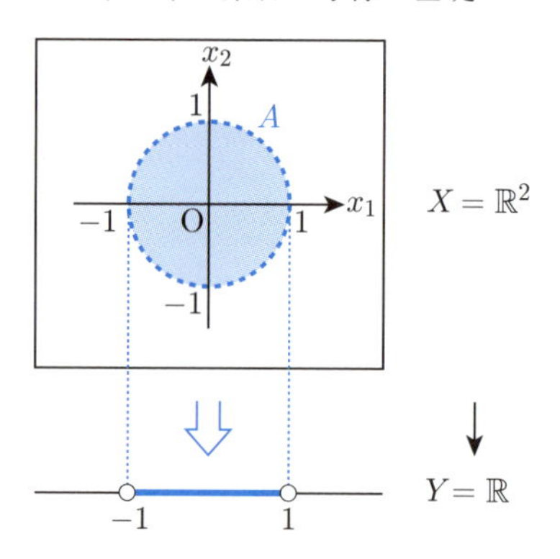

【解答】 (1)　$f(X) \subset Y$ は明らかである．

一方，任意の $y \in Y$ に対して，$x = (y, 0) \in X$ とおくと

$$f(x) = y$$

となるので，$f(X) = Y = \mathbb{R}$ が成り立つことがわかる．

(2)　$B = \{x \in \mathbb{R} \mid |x| < 1\}$ とおき，$f(A) = B$ であることを示す．

$b \in f(A)$ を任意にとると，ある $a = (a_1, a_2) \in A$ が存在して，$b = f(a)$ となる．このとき

$$a_1^2 + a_2^2 < 1, \quad b = f(a) = a_1$$

が成り立つので

$$|b| = |a_1| < \sqrt{1 - a_2^2} \leq 1$$

となり，$b \in B$ であることがわかる．よって，$f(A) \subset B$ が成り立つ．

一方，$b' \in B$ を任意にとると，$|b'| < 1$ である．このとき，$a' = (b', 0) \in X$ は $f(a') = b'$ をみたす．さらに

$${b'}^2 + 0^2 = {b'}^2 < 1$$

であるので，$a' \in A$ である．よって，$b' = f(a') \in f(A)$ となる．したがって，$B \subset f(A)$ が成り立つ．

以上のことより，$f(A) = B$ であることがわかる．■

問 1.20 $X = \{1, 2, 3, 4, 5\}$, $Y = \{a, b, c\}$ とし，写像 $g\colon X \to Y$ を

$$
\begin{array}{ccccc}
g & : & X & \to & Y \\
 & & \Psi & & \Psi \\
 & & 1 & \mapsto & b \\
 & & 2 & \mapsto & c \\
 & & 3 & \mapsto & b \\
 & & 4 & \mapsto & b \\
 & & 5 & \mapsto & c
\end{array}
$$

により定める．また，X の部分集合 A, B を

$$A = \{1, 2, 3\}, \quad B = \{1, 3\}$$

とおく．このとき，$g(X)$, $g(A)$, $g(B)$ を求めよ．

確認 例題 1.16

X, Y は空集合でない集合とし，$f\colon X \to Y$ は写像とする．X の部分集合 A_1, A_2 が $A_1 \subset A_2$ をみたすならば，$f(A_1) \subset f(A_2)$ が成り立つことを示せ．

【解答】 $f(A_1)$ に属する任意の元 y をとると，A_1 の元 x が存在して

$$y = f(x)$$

をみたす．仮定より $A_1 \subset A_2$ であるので，$x \in A_2$ であることに注意すれば

$$y = f(x) \in f(A_2)$$

が得られる．よって，$f(A_1) \subset f(A_2)$ が成り立つ． ■

基本 例題 1.13

X, Y は空集合でない集合とし，$f\colon X \to Y$ は写像とする．A_1, A_2 は X の部分集合とする．

(1) $f(A_1 \cup A_2) = f(A_1) \cup f(A_2)$ が成り立つことを示せ．

(2) $f(A_1 \cap A_2) \subset f(A_1) \cap f(A_2)$ が成り立つことを示せ．

【解答】 (1) $f(A_1 \cup A_2)$ の任意の元 y をとると，ある $x \in A_1 \cup A_2$ に対して $y = f(x)$ となる．このとき

$$x \in A_1 \quad \text{または} \quad x \in A_2$$

が成り立つ．$x \in A_1$ ならば

$$y = f(x) \in f(A_1) \subset f(A_1) \cup f(A_2)$$

が成り立つ．同様に，$x \in A_2$ ならば

$$y = f(x) \in f(A_2) \subset f(A_1) \cup f(A_2)$$

が成り立つ．いずれの場合も $y \in f(A_1) \cup f(A_2)$ となるので

$$f(A_1 \cup A_2) \subset f(A_1) \cup f(A_2)$$

が得られる．

一方，$A_1 \subset A_1 \cup A_2$ であることに注意して，確認例題 1.16 を用いれば

$$f(A_1) \subset f(A_1 \cup A_2)$$

が得られる．同様に，$A_2 \subset A_1 \cup A_2$ より

$$f(A_2) \subset f(A_1 \cup A_2)$$

が得られる．このことより

$$f(A_1) \cup f(A_2) \subset f(A_1 \cup A_2)$$

が得られる．

以上のことより，求める等式が成り立つことがわかる．

(2) $f(A_1 \cap A_2)$ の任意の元 y をとると，ある $x \in A_1 \cap A_2$ に対して $y = f(x)$ となる．このとき

$$x \in A_1 \quad \text{かつ} \quad x \in A_2$$

が成り立つ．$x \in A_1$ であるので

$$y = f(x) \in f(A_1)$$

が成り立つ．同様に，$x \in A_2$ であるので

$$y = f(x) \in f(A_2)$$

が成り立つ．したがって

$$y \in f(A_1) \cap f(A_2)$$

となる．よって，$f(A_1 \cap A_2) \subset f(A_1) \cap f(A_2)$ が成り立つ． ■

問 1.21 問 1.20 の写像 $g\colon X \to Y$ を考える．

$$A_1 = \{1, 2, 3\}, \quad A_2 = \{1, 3, 5\}$$

とするとき

$$g(A_1 \cap A_2) \neq g(A_1) \cap g(A_2)$$

であることを示せ．

問 1.22 X, Y は空集合でない集合とし，$f\colon X \to Y$ は写像とする．$(A_\lambda)_{\lambda \in \Lambda}$ は X の部分集合の族とする．

(1) $f\left(\bigcup_{\lambda \in \Lambda} A_\lambda\right) = \bigcup_{\lambda \in \Lambda} f(A_\lambda)$ が成り立つことを示せ．

(2) $f\left(\bigcap_{\lambda \in \Lambda} A_\lambda\right) \subset \bigcap_{\lambda \in \Lambda} f(A_\lambda)$ が成り立つことを示せ．

1.11 逆 像

導入 例題 1.11

関数 $f(x) = x^2 - 2x$ を考える．

(1) $f(x) = 0$ をみたす実数 x 全体の集合を求めよ．

(2) $f(x) = -1$ をみたす実数 x 全体の集合を求めよ．

(3) $f(x) = -2$ をみたす実数 x 全体の集合を求めよ．

(4) $f(x) \leq 3$ をみたす実数 x 全体の集合を求めよ．

【解答】 (1) $f(x) = 0$ の実数解は $x = 0, 2$ であるので，求める集合は $\{0, 2\}$ である．

(2) $f(x) = -1$ の実数解は $x = 1$ であるので，求める集合は $\{1\}$ である．

(3) $f(x) = -2$ の実数解は存在しないので，求める集合は空集合 $\emptyset$ である．

(4) $f(x) \leq 3 \Leftrightarrow (x+1)(x-3) \leq 0 \Leftrightarrow -1 \leq x \leq 3$ であるので，求める集合は $\{x \in \mathbb{R} \mid -1 \leq x \leq 3\}$ である．

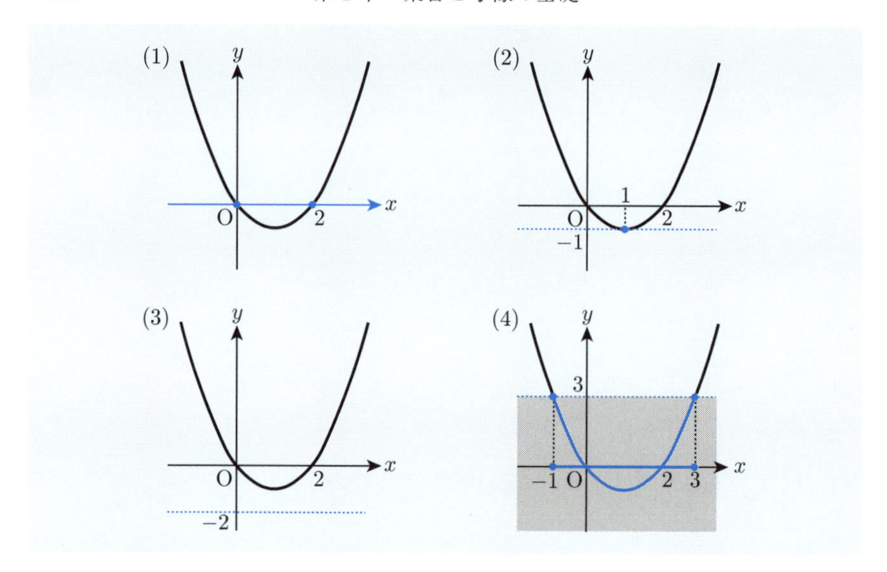

■

導入例題 1.11 について，考察を続けよう．$X = \mathbb{R}$, $Y = \mathbb{R}$ とおき，関数 f を X から Y への写像とみる．

$$
\begin{array}{cccc}
f : & X & \to & Y \\
 & \cup & & \cup \\
 & x & \mapsto & x^2 - 2x.
\end{array}
$$

また，Y の部分集合 Z_1, Z_2, Z_3, Z_4 を

$$Z_1 = \{0\},\quad Z_2 = \{-1\},\quad Z_3 = \{-2\},\quad Z_4 = \{y \in Y \mid y \leq 3\}$$

と定めると，導入例題 1.11 で示したことは，次のように表される．

$$\{x \in X \mid f(x) \in Z_1\} = \{x \in X \mid f(x) = 0\} = \{0, 2\},$$
$$\{x \in X \mid f(x) \in Z_2\} = \{x \in X \mid f(x) = -1\} = \{1\},$$
$$\{x \in X \mid f(x) \in Z_3\} = \{x \in X \mid f(x) = -2\} = \emptyset,$$
$$\{x \in X \mid f(x) \in Z_4\} = \{x \in X \mid f(x) \leq 3\} = \{x \in X \mid -1 \leq x \leq 3\}.$$

そこで，次のような概念を導入しよう．

定義 1.11　X, Y は空集合でない集合とし，$f\colon X \to Y$ は写像とする．Z は Y の部分集合とする．このとき，f による Z の**逆像** $f^{-1}(Z)$ を

$$f^{-1}(Z) = \{x \in X \mid f(x) \in Z\}$$

と定める．特に，Z がただ 1 つの元からなる集合 $\{z\}$ であるとき，$f^{-1}(\{z\})$ を単に $f^{-1}(z)$ と表す．

$$f^{-1}(z) = \{x \in X \mid f(x) = z\}.$$

導入例題 1.11 では，Y の部分集合 Z_1, Z_2, Z_3, Z_4 に対して，逆像

$$f^{-1}(Z_1)\ \bigl(= f^{-1}(0)\bigr),\quad f^{-1}(Z_2)\ \bigl(= f^{-1}(-1)\bigr),$$
$$f^{-1}(Z_3)\ \bigl(= f^{-1}(-2)\bigr),\quad f^{-1}(Z_4)$$

を求めたということになる．

注意：全単射写像 $f\colon X \to Y$ に対しては，逆写像 $f^{-1}\colon Y \to X$ が存在するが，ここで定義した逆像は，逆写像とは全く異なる概念である！　同じ記号 f^{-1} を用いているので，その意味は文脈から判断するしかない．

確認 例題 1.17

確認例題 1.15 の写像 $f\colon X \to Y$ を考える．

(1)　$B = \{y \in Y \mid -1 < y < 1\}$ とおく．$f^{-1}(B)$ を図示せよ．

(2)　$f^{-1}(0)$ を図示せよ．

【解答】　(1)　X の元 $x = (x_1, x_2)$ に対して $f(x) = x_1$ が成り立つので

$$\begin{aligned} f^{-1}(B) &= \{x \in X \mid f(x) \in B\} \\ &= \{x \in X \mid -1 < f(x) < 1\} \\ &= \{(x_1, x_2) \mid -1 < x_1 < 1\} \end{aligned}$$

である．$f^{-1}(B)$ は下図の斜線の部分である（上下に無限に続く領域であって，境界 $x_1 = 1,\ x_1 = -1$ は含まない）．

(2)　$f^{-1}(0) = \{(x_1, x_2) \in X \mid x_1 = 0\}$．これは直線 $x_1 = 0$ である．

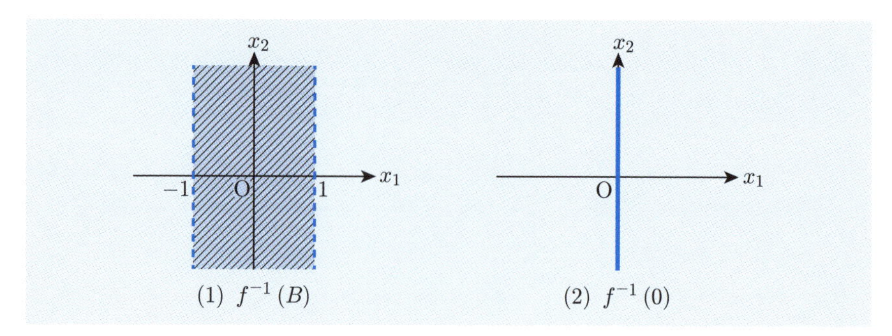

(1) $f^{-1}(B)$　(2) $f^{-1}(0)$

■

問 1.23 問 1.20 の写像 $g: X \to Y$ を考える．

(1) $Z = \{a, b\}$ とおくとき，$g^{-1}(Z)$ を求めよ．

(2) $g^{-1}(b)$ を求めよ．

(3) $g^{-1}(a)$ を求めよ．

確認 例題 1.18

X, Y は空集合でない集合とし，$f: X \to Y$ は写像とする．

(1) Y の部分集合 B_1, B_2 が $B_1 \subset B_2$ をみたすならば

$$f^{-1}(B_1) \subset f^{-1}(B_2)$$

が成り立つことを示せ．

(2) X の部分集合 A と Y の部分集合 B に対して

$$f(A) \subset B \Leftrightarrow A \subset f^{-1}(B)$$

が成り立つことを示せ．

解答の前に次のポイントを確認しておこう．

Point $f: X \to Y$ は写像とし，Z は Y の部分集合とする．

- 「$x \in f^{-1}(Z) \Leftrightarrow f(x) \in Z$」が成り立つ．
- したがって，x が $f^{-1}(Z)$ に属しているかどうかを知りたければ，$f(x)$ が Z に属しているかどうかを調べればよい！

【解答】 (1)　$f^{-1}(B_1)$ の任意の元 x をとる．このとき，上の **Point!** で述べたことを用いれば

$$f(x) \in B_1$$

が成り立つ．仮定より $B_1 \subset B_2$ であるので，$f(x) \in B_2$ が成り立つ．よって，上の **Point!** で述べたことを再び用いれば

$$x \in f^{-1}(B_2)$$

が得られる．よって，$f^{-1}(B_1) \subset f^{-1}(B_2)$ が成り立つ．

(2)　($\Rightarrow$)　$f(A) \subset B$ が成り立つと仮定する．A の任意の元 x をとると

$$f(x) \in f(A) \subset B$$

となる．よって，上の **Point!** で述べたことを用いれば

$$x \in f^{-1}(B)$$

が得られる．よって，$A \subset f^{-1}(B)$ が成り立つ．

($\Leftarrow$)　次に，$A \subset f^{-1}(B)$ が成り立つと仮定する．$f(A)$ の任意の元 w をとると，ある $z \in A$ が存在して

$$w = f(z)$$

となる．このとき

$$z \in A \subset f^{-1}(B)$$

であることに注意して，上の **Point!** で述べたことを用いれば

$$w = f(z) \in B$$

が得られる．よって，$f(A) \subset B$ が成り立つ．■

基本 例題 1.14

X, Y は空集合でない集合とし，$f \colon X \to Y$ は写像とする．B_1, B_2 は Y の部分集合とする．

(1)　$f^{-1}(B_1 \cup B_2) = f^{-1}(B_1) \cup f^{-1}(B_2)$ が成り立つことを示せ．

(2)　$f^{-1}(B_1 \cap B_2) = f^{-1}(B_1) \cap f^{-1}(B_2)$ が成り立つことを示せ．

【解答】 (1)　$f^{-1}(B_1 \cup B_2)$ の任意の元 x をとると，$f(x) \in B_1 \cup B_2$ より

$$f(x) \in B_1 \quad \text{または} \quad f(x) \in B_2$$

が成り立つ．$f(x) \in B_1$ ならば

$$x \in f^{-1}(B_1) \subset f^{-1}(B_1) \cup f^{-1}(B_2)$$

が成り立ち，$f(x) \in B_2$ ならば

$$x \in f^{-1}(B_2) \subset f^{-1}(B_1) \cup f^{-1}(B_2)$$

が成り立つ．いずれも場合も $x \in f^{-1}(B_1) \cup f^{-1}(B_2)$ であるので

$$f^{-1}(B_1 \cup B_2) \subset f^{-1}(B_1) \cup f^{-1}(B_2)$$

が得られる．

また，$f^{-1}(B_1) \cup f^{-1}(B_2)$ の任意の元 u をとると

$$u \in f^{-1}(B_1) \quad \text{または} \quad u \in f^{-1}(B_2)$$

が成り立つ．$u \in f^{-1}(B_1)$ ならば

$$f(u) \in B_1 \subset B_1 \cup B_2$$

が成り立ち，$u \in f^{-1}(B_2)$ ならば

$$f(u) \in B_2 \subset B_1 \cup B_2$$

が成り立つ．いずれの場合も $f(u) \in B_1 \cup B_2$ であるので，$u \in f^{-1}(B_1 \cup B_2)$ が成り立つ．したがって

$$f^{-1}(B_1) \cup f^{-1}(B_2) \subset f^{-1}(B_1 \cup B_2)$$

が得られる．

以上のことをあわせれば，求める等式が得られる．

(2)　$x \in f^{-1}(B_1 \cap B_2)$ を任意にとると，$f(x) \in B_1 \cap B_2$ である．$f(x) \in B_1$ より $x \in f^{-1}(B_1)$ であり，$f(x) \in B_2$ より $x \in f^{-1}(B_2)$ であるので

$$x \in f^{-1}(B_1) \cap f^{-1}(B_2)$$

が得られる．よって

$$f^{-1}(B_1 \cap B_2) \subset f^{-1}(B_1) \cap f^{-1}(B_2)$$

が成り立つ．

また，$u \in f^{-1}(B_1) \cap f^{-1}(B_2)$ を任意にとると，$u \in f^{-1}(B_1)$ より $f(u) \in B_1$ であり，$u \in f^{-1}(B_2)$ より $f(u) \in B_2$ である．したがって

$$f(u) \in B_1 \cap B_2$$

となり，$u \in f^{-1}(B_1 \cap B_2)$ が得られる．よって

$$f^{-1}(B_1) \cap f^{-1}(B_2) \subset f^{-1}(B_1 \cap B_2)$$

が成り立つ．

以上のことをあわせれば，求める等式が得られる．■

問 1.24　問 1.20 の写像 $g\colon X \to Y$ を考える．$B_1 = \{a, b\}$, $B_2 = \{a, c\}$ とする．

(1)　$g^{-1}(B_1)$, $g^{-1}(B_2)$ を求めよ．

(2)　$g^{-1}(B_1 \cup B_2) = g^{-1}(B_1) \cup g^{-1}(B_2)$ が成り立つことを確かめよ．

(3)　$g^{-1}(B_1 \cap B_2) = g^{-1}(B_1) \cap g^{-1}(B_2)$ が成り立つことを確かめよ．

問 1.25　X, Y は空集合でない集合とし，$f\colon X \to Y$ は写像とする．Y の部分集合 B に対して

$$f^{-1}(Y \setminus B) = X \setminus f^{-1}(B)$$

が成り立つことを示せ．

問 1.26　X, Y は空集合でない集合とし，$f\colon X \to Y$ は写像とする．$(B_\lambda)_{\lambda \in \Lambda}$ は Y の部分集合の族とする．

(1)　$f^{-1}\left(\bigcup_{\lambda \in \Lambda} B_\lambda\right) = \bigcup_{\lambda \in \Lambda} f^{-1}(B_\lambda)$ が成り立つことを示せ．

(2)　$f^{-1}\left(\bigcap_{\lambda \in \Lambda} B_\lambda\right) = \bigcap_{\lambda \in \Lambda} f^{-1}(B_\lambda)$ が成り立つことを示せ．

第1章　演習問題

1.1　1から3まで番号のついたボールがある．3個のボールのうち，1個だけ重さが異なる．そのボールが他のボールより重いのか軽いのかは不明である．どのボールが他と重さが異なるのか，そしてそのボールが重いのか軽いのかを天秤を使って知りたい．この問題に対して，太郎君は次のように答えた．

「1回目に番号1のボールを左に，番号2のボールを右に乗せる．2回目は番号1のボールを左に，番号3のボールを右に乗せればよい．」

(1)　「番号iのボールが他のボールより重い」という事象をi_+と表し，「番号iのボールが他のボールより軽い」という事象をi_-と表す（$1 \leq i \leq 3$）．「どのボールが他と重さが異なるのか，そしてそのボールが重いのか軽いのか」ということについて，考えられる事象全体の集合をXとする．外延的定義を用いて集合Xを表せ．

(2)　天秤を2回使った結果を表すのに，基本例題1.2と同様の表記を用いることにする．想定されるすべての結果の集合をYとすると

$$Y = \{(l,l),(l,r),(l,e),(r,l),(r,r),(r,e),(e,l),(e,r),(e,e)\}$$

となる．Xに属する事象に対して，太郎君の方法を用いた結果を対応させることによって，写像$f\colon X \to Y$を定める．fはどのような写像か．具体的に表せ．

(3)　上の写像fが単射であることを確認し，太郎君の方法によって，「どのボールが他と重さが異なるのか，そしてそのボールが重いのか軽いのか」が判定できることを示せ．

1.2　1から4まで番号のついたボールがある．4個のボールのうち，1個だけ重さが異なる．そのボールが他のボールより重いのか軽いのかは不明である．「どのボールが他のボールと重さが異なるのか，そしてそのボールが重いのか軽いのか」ということについて，演習問題1.1と同様の表記を用いることにし，考えられる事象全体の集合をXとする．また，天秤を2回使った結果を基本例題1.2と同様に表し，想定されるすべての結果の集合をYとする．

(1)　X, Yはそれぞれ何個の元からなる集合か．

(2)　「どのボールが他と重さが異なるのか，そしてそのボールが重いのか軽いのか」ということを，2回の天秤の操作によって判定する方法は存在しないことを証明せよ．

ヒント：1回目の操作は，天秤の左右に1個ずつボールを乗せるか，2個ずつ乗せるかのどちらかである．

1.3　番号0のついたボール（基準球）と，1から4まで番号のついたボールがある．番号1から4までの4個のボールのうち，3個は基準球と同じ重さであり，1個だけ重さが異なる．そのボールが基準球より重いのか軽いのかは不明である．

(1)　演習問題1.2と同様に集合 X, Y を定める．X, Y はそれぞれ何個の元からなる集合か．

(2)「どのボールが基準球と重さが異なるのか，そしてそのボールが重いのか軽いのか」ということを，天秤を2回用いて判定する方法を考えよ．

1.4　$a < b$ をみたす実数 a, b に対して，$\mathbb{R}$ の部分集合 (a, b) を

$$(a, b) = \{x \in \mathbb{R} \mid a < x < b\}$$

と定める（このような集合は $\mathbb{R}$ の**開区間**とよばれる）．

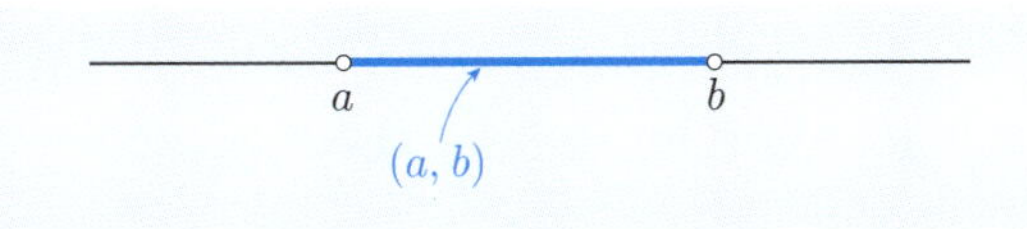

(1)　$X = \{x \in \mathbb{R} \mid x > 0\}$, $T = \{t \in \mathbb{R} \mid t > 0\}$ とする．T の元 t に対して，X の部分集合 U_t を次のように定める．

$$U_t = \left(\frac{1}{2}t, \frac{3}{2}t\right) = \left\{x \in X \;\middle|\; \frac{1}{2}t < x < \frac{3}{2}t\right\}.$$

このとき，$X = \bigcup_{t \in T} U_t$ が成り立つことを示せ．

(2)　$X' = \{x \in \mathbb{R} \mid x \geq 0\}$ とする．このとき，次の3つの条件（ア），（イ），（ウ）を同時にみたす集合族 $(V_\lambda)_{\lambda \in \Lambda}$ は存在しないことを示せ．

（ア）　任意の $\lambda \in \Lambda$ に対して，V_λ は X' の部分集合である．

（イ）　任意の $\lambda \in \Lambda$ に対して，V_λ は $\mathbb{R}$ の開区間である．すなわち，$a_\lambda < b_\lambda$ をみたす実数 a_λ, b_λ が存在して，$V_\lambda = (a_\lambda, b_\lambda)$ と表される．

（ウ）　$X' = \bigcup_{\lambda \in \Lambda} V_\lambda$ である．

第2章 無限と連続

この章には2つの目標がある．1つの目標は，「無限」ということについて，深く考えてみることである．もう1つの目標は，「収束」や「連続」といった概念を根本的なところからとらえ直してみることである．

2.1 可算集合

有限集合 X については，X の元の個数を数えることができ，その個数を $\#(X)$ と表した（1.4節参照）．無限集合の元の「個数」は「無限個である」といってしまえばそれまでであるが，もう少し精密に考えてみたい．

導入 例題 2.1

$X = \mathbb{N}$（自然数全体の集合）とし，Y は2以上の自然数全体の集合とする．Z は正の偶数全体の集合とする．

$$X = \{1, 2, 3, 4, 5, \ldots\},$$
$$Y = \{2, 3, 4, 5, 6, \ldots\},$$
$$Z = \{2, 4, 6, 8, 10, \ldots\}.$$

太郎君と次郎君が次のような議論をした．

太郎 「集合 X と Y の『元の多さの度合い』は同じだと考えてよいと思う．」

次郎 「確かに，Y は無限集合 X からたった1個の元（自然数1）を取り除いた集合だからね．」

太郎 「では，X と Z を比べたらどうだろう？」

次郎 「Z は X から無限個の奇数を取り除いているので，Z の元は X よりもかなり『少ない』と思う．」

太郎 「ぼくは次のような対応を考えた．

$$\begin{array}{cccccccc} X\colon & 1, & 2, & 3, & 4, & 5, & \cdots \\ & \updownarrow & \updownarrow & \updownarrow & \updownarrow & \updownarrow & \cdots \\ Z\colon & 2, & 4, & 6, & 8, & 10, & \cdots \end{array}$$

X の元と Z の元との間に 1 対 1 の対応があるので，X と Z の『元の多さの度合い』は同じだと考えられる.」

次郎 「X から Z への全単射写像を作ったんだね．確かに，2 つの有限集合の間に全単射写像が存在すれば，それらの集合の元の個数は同じである．無限集合に対しても同様に考えれば…．でも，釈然としないなあ.」

太郎君と次郎君の議論について，次の問いに答えよ．

(1) 太郎君の考えた 1 対 1 の対応は，X から Z への全単射写像を定める．その写像を $f\colon X \to Z$ とする．f はどのような写像か．具体的に表せ．

(2) X から Y への全単射写像 $g\colon X \to Y$ を 1 つ与えよ．

【解答】 (1) $f\colon X \to Z$ は，$f(n) = 2n$ （$n \in X$） によって与えられる．

(2) たとえば，$g(n) = n + 1$ （$n \in X$） と定めればよい． ■

ここで，次のような定義を述べよう．

定義 2.1

(1) X, Y は空集合でない集合とする．X から Y への全単射写像 $f\colon X \to Y$ が存在するとき，X と Y は**対等**であるという．

(2) X は無限集合とする．X が自然数全体の集合 $\mathbb{N}$ と対等であるとき，X は**可算集合**であるという．そうでないとき，X は**非可算集合**であるという．

導入例題 2.1 の集合 Y は X （$= \mathbb{N}$） と対等であるので，可算集合である．同様に，Z も可算集合である．

注意：定義 2.1 で定めた可算集合と有限集合を総称して「可算集合」とよぶことがある．その場合は，定義 2.1 で定めた可算集合は**可算無限集合**とよばれるが，本書では定義 2.1 の用法にしたがうことにする．

確認 例題 2.1

$W=\{1,3,5,7,9,\ldots\}$ とする．全単射写像 $h\colon \mathbb{N}\to W$ を1つ与え，W が可算集合であることを示せ．

【解答】 $h(n)=2n-1$ （$n\in\mathbb{N}$）とすれば，h は全単射であるので，W は可算集合である．■

問 2.1 $V=\left\{\dfrac{n}{2}\;\middle|\; n\in\mathbb{N}\right\}=\left\{\dfrac{1}{2},1,\dfrac{3}{2},2,\dfrac{5}{2},3,\dfrac{7}{2},4,\ldots\right\}$ とする．全単射写像 $\varphi\colon \mathbb{N}\to V$ を1つ与え，V が可算集合であることを示せ．

問 2.2

(1) X, Y, Z は空集合でない集合とする．X と Y が対等であり，Y と Z が対等であるならば，X と Z は対等であることを示せ．

(2) 集合 X が可算集合 Y と対等ならば，X は可算集合であることを示せ．

集合 X が可算集合ならば，全単射写像 $f\colon \mathbb{N}\to X$ が存在する．このとき

$$X=\{f(1),f(2),f(3),f(4),f(5),\ldots\}$$

が成り立つ．実際，f は全射であるので，X の任意の元は $f(i)$ （$i\in\mathbb{N}$）という形に表すことができるし，f は単射であるので

$$f(1),f(2),f(3),f(4),f(5),\ldots$$

はすべて異なる元である．ここで

$$x_1=f(1),\ x_2=f(2),\ x_3=f(3),\ x_4=f(4),\ x_5=f(5),\ \ldots$$

とおくと，これは，X のすべての元に番号をつけて並べたことになる．

逆に，ある集合 Y のすべての元に番号をつけて並べることができたとする．

$$Y=\{b_1,b_2,b_3,b_4,b_5,\ldots\}.$$

このとき，全単射写像 $g\colon \mathbb{N}\to Y$ を

$$g(i)=b_i \quad (i\in\mathbb{N})$$

によって与えることができる．したがって，このとき Y は可算集合である．

以上のことをポイントとしてまとめておこう．

Point 無限集合 X について，次の 2 つは同値である．

(a) X は可算集合である

(b) X のすべての元に番号をつけて並べることができる．

基本 例題 2.1

導入例題 2.1 での太郎君と次郎君の議論はまだ続いている．

太郎 「次郎君が釈然としない理由もわかるよ．導入例題 2.1 の集合 Y や Z は，X の真部分集合であるのに，X と対等であるのだから．」

次郎 「有限集合については，そんなことは絶対に起こらないからね．」

太郎 「導入例題 2.1 の集合 X と Z に関していえば，差集合 $X \setminus Z$ は正の奇数全体集合であり，これは可算集合である（確認例題 2.1 参照）．可算集合から可算集合を差し引いた集合が再び可算集合であるという現象が起きているよね．一般に，『無限集合 X が可算集合であるとき，その部分集合は有限集合であるか，可算集合であるかのどちらかである』ということもいえそうだよ．」

次郎 「別の見方もできそうだよ．導入例題 2.1 の集合 X と Z について

$$X = Z \cup (X \setminus Z)$$

が成り立つことを考えると，『2 つの可算集合の和集合もまた可算集合である』ということも成り立ちそうな気がする．」

太郎 「まず，具体的な例を考えてみよう．整数全体の集合 $\mathbb{Z}$ は，正の整数と負の整数と 0 から成り立っている．これについて調べてみよう．」

太郎君と次郎君の議論について，次の問いに答えよ．

(1) X_1 は $\mathbb{N}$ の部分集合であって，無限集合であるとする．このとき，X_1 は可算集合であることを示せ．

(2) X_2 は可算集合とする．X_3 は X_2 の部分集合であって，無限集合であるとする．このとき，X_3 は可算集合であることを示せ．

(3) $\mathbb{Z}$ は可算集合であることを示せ．

【解答】 (1)　X_1 の元を小さい順に並べて

$$a_1, a_2, a_3, a_4, a_5, \ldots$$

とすれば，X_1 のすべての元に番号をつけて並べたことになる．よって，X_1 は可算集合である．

(2)　X_2 と $\mathbb{N}$ とは対等であるので，ある全単射写像 $g\colon X_2 \to \mathbb{N}$ が存在する．このとき，X_2 の部分集合 X_3 と，g による X_3 の像 $g(X_3)$ とは対等である．

$$\begin{array}{ccc} X_2 & \xrightarrow{g} & \mathbb{N} \\ \cup & & \cup \\ X_3 & \to & g(X_3). \end{array}$$

小問 (1) より，$g(X_3)$ は可算集合である．したがって，問 2.2 (2) により，$g(X_3)$ と対等な集合 X_3 も可算集合である．

(3)　$\mathbb{Z}$ の元を次のように並べれば，$\mathbb{Z}$ のすべての元を並べることができる．

$$0, 1, -1, 2, -2, 3, -3, 4, -4, \ldots$$

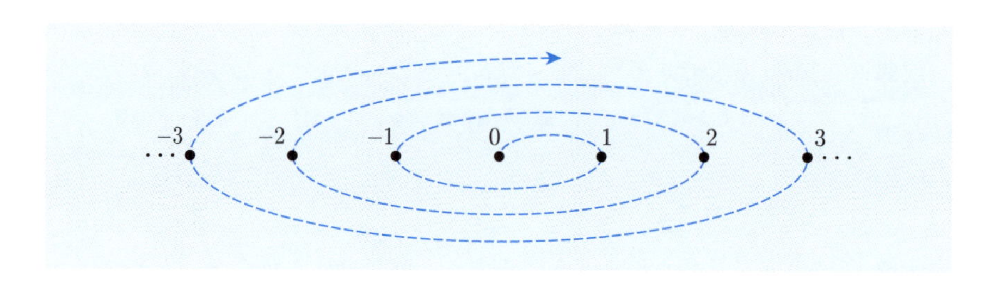

いい換えれば，次のように全単射写像 $h\colon \mathbb{N} \to \mathbb{Z}$ を定めることができる．

$$h(n) = \begin{cases} \dfrac{1-n}{2} & (n \text{ が正の奇数のとき}), \\ \dfrac{n}{2} & (n \text{ が正の偶数のとき}). \end{cases}$$

よって，$\mathbb{Z}$ は可算集合である．■

問 2.3　X は集合とし，Y, Z は X の部分集合であって

$$X = Y \cup Z, \quad Y \cap Z = \emptyset$$

をみたすとする．

(1)　Y は有限集合であり，Z は可算集合であるとする．このとき，X は可算集合であることを示せ．**【ヒント】** 下図参照．

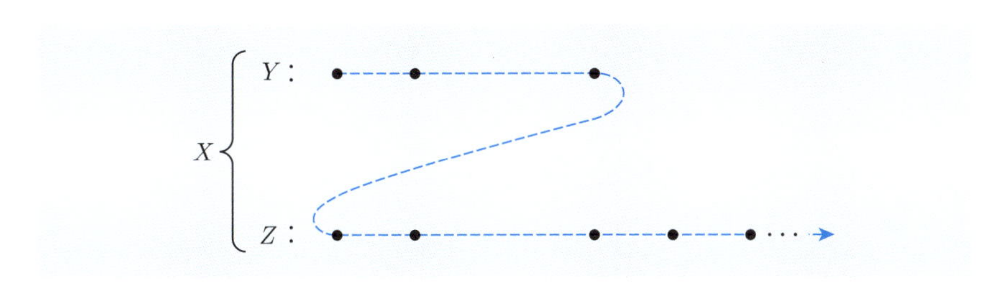

(2)　Y, Z はどちらも可算集合であるとする．このとき，X は可算集合であることを示せ．**【ヒント】** 下図参照．

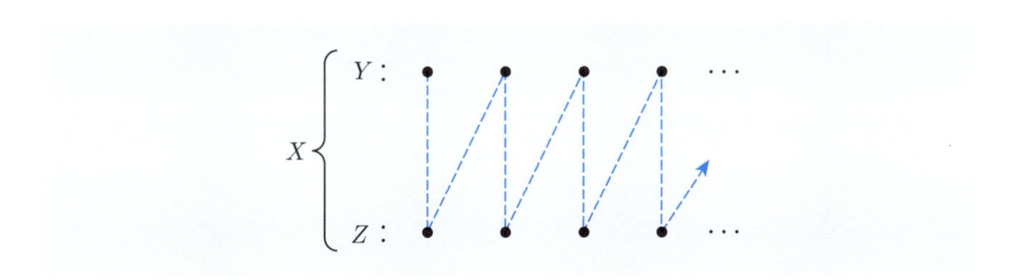

2.2　2つの可算集合の直積

導入 例題 2.2

次の記述が正しいどうかを判定せよ．

(1)「X_1, X_2 は互いに対等な有限集合とし，$f\colon X_1 \to X_2$ は写像とする．このとき，f が単射ならば，f は全射でもある．」

(2)「X_1, X_2 は互いに対等な無限集合とし，$f\colon X_1 \to X_2$ は写像とする．このとき，f が単射ならば，f は全射でもある．」

【解答】 (1) 正しい．$\#(X_1) = \#(X_2) = n$ とする．写像 $f\colon X_1 \to X_2$ は単射であるので，f の像 $f(X_1)$ も n 個の元からなる．n 個の元からなる集合 X_2 の部分集合 $f(X_1)$ がやはり n 個の元からなるので

$$f(X_1) = X_2$$

が成り立つ．よって，f は全射である．

(2) 誤りである．たとえば，$X_1 = X_2 = \mathbb{N}$ とし，$f\colon X_1 \to X_2$ を

$$f(i) = 2i \quad (i \in \mathbb{N})$$

により定めると，f は単射であるが

$$f(X_1) = \{2, 4, 6, 8, \ldots\} \subsetneq X_2$$

であるので，f は全射でない． ■

基本 例題 2.2

集合 $X = \mathbb{N} \times \mathbb{N}$ について，太郎君と次郎君が次のような議論をした．

太郎 「X は可算集合だろうか？」

次郎 「X は可算集合ではない気がする．というのも，X の元は

$$(n_1, n_2) \quad (n_1 \in \mathbb{N},\ n_2 \in \mathbb{N})$$

と表される．これを平面の座標とみて表すと，次のようになる．

$$\begin{array}{ccccc}
\vdots & \vdots & \vdots & \vdots & \iddots \\
\bullet & \bullet & \bullet & \bullet & \cdots \\
(1,4) & (2,4) & (3,4) & (4,4) & \\
\bullet & \bullet & \bullet & \bullet & \cdots \\
(1,3) & (2,3) & (3,3) & (4,3) & \\
\bullet & \bullet & \bullet & \bullet & \cdots \\
(1,2) & (2,2) & (3,2) & (4,2) & \\
\bullet & \bullet & \bullet & \bullet & \cdots \\
(1,1) & (2,1) & (3,1) & (4,1) &
\end{array}$$

一番下の行の並びだけ見ても，次のような元が無限に並んでいる．

$$(1, 1), (2, 1), (3, 1), (4, 1), \ldots$$

X はこのような行を無限個含んでいるのだからね…．」

太郎 「つまり，写像 $\mathbb{N} \to X$ を

$$f(i) = (i, 1) \quad (i \in \mathbb{N})$$

と定めると，f は単射であるが，全射とはほど遠い，というわけだね．でも，導入例題 2.2 (2) で示したように，2つの無限集合が対等であっても，それらの間に，単射であるが全射ではない写像が作れる．だから，上のような写像 $f\colon \mathbb{N} \to X$ が存在するからといって，『X が可算集合でない』とはいい切れない．」

次郎「それはそうだけど….」

太郎「X のすべての元に番号をつけて並べることができれば，X は可算集合であることになるのだから，上の図のすべての点を1回ずつ通るような1本の線が描ければ，X は可算集合であることが示される．いわば『無限の一筆書き』のようなことをすればいいんだよ．」

太郎君のアイデアにしたがって，X が可算集合であることを示せ．

【解答】 次のような点線に沿って，X の元を1列に並べることができる．

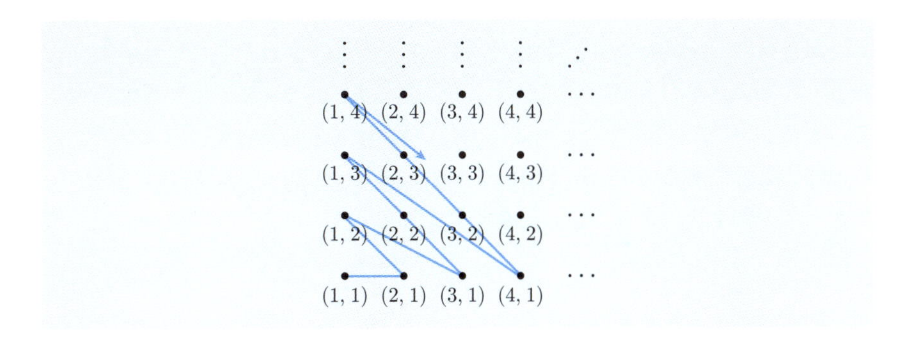

したがって，X は可算集合である．■

問 2.4 可算集合 Y, Z の直積 $Y \times Z$ は可算集合であることを示せ．

基本 例題 2.3

有理数全体の集合 $\mathbb{Q}$ は可算集合であることを示せ．

【解答】　任意の有理数 α は

$$\alpha = \frac{q}{p} \quad (p, q \in \mathbb{Z})$$

という形に表される．さらに，必要に応じて約分し，分母を正の整数にすることによって，p と q は互いに素であり，かつ，$p \geq 1$ とすることができる．このような p, q の組合せは，α に対してただ 1 組定まる．

そこで，$\alpha \in \mathbb{Q}$ に対して，上のように定めた p, q の組 (p, q) を対応させることによって，写像 $f\colon \mathbb{Q} \to \mathbb{N} \times \mathbb{Z}$ を定める．

$$\begin{array}{cccccc} f & : & \mathbb{Q} & \to & \mathbb{N} \times \mathbb{Z} \\ & & \rotatebox{90}{$\in$} & & \rotatebox{90}{$\in$} \\ & & \alpha & \mapsto & (p, q). \end{array}$$

このとき，f は単射であるので，$\mathbb{Q}$ は $f(\mathbb{Q})$ と対等である．基本例題 2.1 (3) より，$\mathbb{Z}$ は可算集合である．したがって，問 2.4 により，2 つの可算集合 $\mathbb{N}$ と $\mathbb{Z}$ の直積 $\mathbb{N} \times \mathbb{Z}$ は可算集合である．$f(\mathbb{Q})$ は無限集合であって，可算集合 $\mathbb{N} \times \mathbb{Z}$ の部分集合であるので，基本例題 2.1 (2) より，$f(\mathbb{Q})$ は可算集合である．したがって，問 2.2 により，$\mathbb{Q}$ は可算集合である．■

2.3 カントールの対角線論法

導入 例題 2.3

a_{ij} $(1 \leq i \leq 3, 1 \leq j \leq 3)$ を次のように定める．

$$a_{11} = 0, \quad a_{12} = 1, \quad a_{13} = 0,$$
$$a_{21} = 1, \quad a_{22} = 1, \quad a_{23} = 1,$$
$$a_{31} = 1, \quad a_{32} = 0, \quad a_{33} = 0.$$

このとき，次の条件（ア），（イ）をみたす b_1, b_2, b_3 を求めよ．

（ア）　b_1, b_2, b_3 は 0 または 1 である．

（イ）　$b_1 \neq a_{11}, b_2 \neq a_{22}, b_3 \neq a_{33}$.

【解答】　$a_{11} = 0, b_1 \neq a_{11}$ より，$b_1 = 1$ である．$a_{22} = 1, b_2 \neq a_{22}$ より，$b_2 = 0$ である．$a_{33} = 0, b_3 \neq a_{33}$ より，$b_3 = 1$ である．

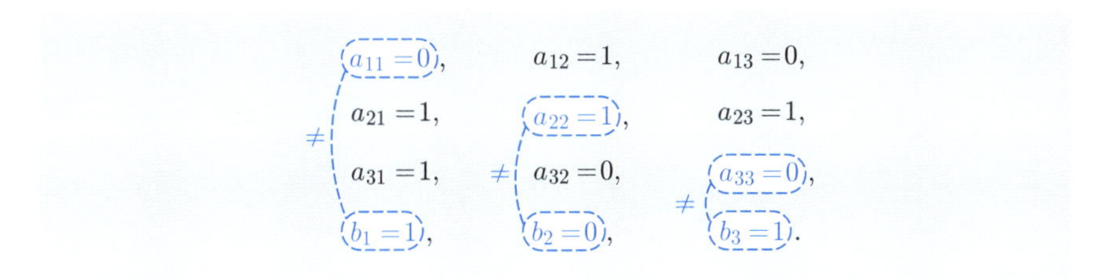

■

数列全体を 1 つの文字で表すことがある．たとえば，数列

$$a_1, a_2, a_3, a_4, a_5, \ldots$$

を文字 α で表すとしよう．このとき

$$\alpha\colon a_1, a_2, a_3, a_4, a_5, \ldots$$

と表記したり

$$\alpha = (a_i)_{i \in \mathbb{N}}$$

と表記したりする．

2つの数列 $\alpha=(a_i)_{i\in\mathbb{N}}$, $\beta=(b_i)_{i\in\mathbb{N}}$ が等しいとは，任意の $i\in\mathbb{N}$ に対して $a_i=b_i$ が成り立つことをいう．そうでないとき，つまり，$a_j\neq b_j$ となる $j\in\mathbb{N}$ が1つでも存在するとき，α と β は異なる数列である．

導入 例題 2.4

3つの数列 $\alpha=(a_i)_{i\in\mathbb{N}}$, $\beta=(b_i)_{i\in\mathbb{N}}$, $\gamma=(c_i)_{i\in\mathbb{N}}$ において，a_i, b_i, c_i はすべて0または1であるとする（$i\in\mathbb{N}$）．このとき，次の条件（ア），（イ）をみたす数列 $\delta=(d_i)_{i\in\mathbb{N}}$ が存在することを示せ．

（ア）　d_i は0または1である（$i\in\mathbb{N}$）．

（イ）　数列 δ は3つの数列 α, β, γ のいずれとも異なる数列である．

【解答】　たとえば，$d_1=\begin{cases}0 & (a_1=1\text{ のとき})\\ 1 & (a_1=0\text{ のとき})\end{cases}$, $d_2=\begin{cases}0 & (b_2=1\text{ のとき})\\ 1 & (b_2=0\text{ のとき})\end{cases}$, $d_3=\begin{cases}0 & (c_3=1\text{ のとき})\\ 1 & (c_3=0\text{ のとき})\end{cases}$ と定め，$n\geq 4$ のとき $d_n=0$ と定めればよい．実際，$d_1\neq a_1$ であるので，δ は α と異なる数列である．$d_2\neq b_2$ より，δ は β と異なる．$d_3\neq c_3$ より，δ は γ と異なる．■

次に，可算個の数列に対して，導入例題2.4と同様の問題を考えよう．

いま，各自然数 i に対して，数列 α_i が与えられているとする．数列 α_i の第 j 項を a_{ij}（$j\in\mathbb{N}$）と表すことにすれば，$\alpha_i=(a_{ij})_{j\in\mathbb{N}}$ である．すなわち

$$\alpha_i\colon a_{i1}, a_{i2}, a_{i3}, a_{i4}, a_{i5}, \ldots$$

という形の数列が各 $i\in\mathbb{N}$ に対して与えられているので，それらの項をすべて並べれば，下のようになる．

$$\begin{array}{l}\alpha_1\colon a_{11}, a_{12}, a_{13}, a_{14}, a_{15}, \ldots\\ \alpha_2\colon a_{21}, a_{22}, a_{23}, a_{24}, a_{25}, \ldots\\ \qquad\vdots\\ \alpha_i\colon a_{i1}, a_{i2}, a_{i3}, a_{i4}, a_{i5}, \ldots\\ \qquad\vdots\end{array}$$

数列そのものにも添字をつけて α_i と表しているので，それらの項は2個の添字を用いて a_{ij} と表していることに注意しよう（$i,j\in\mathbb{N}$）．

このような設定のもと，次の確認例題を解いてみよう．

確認　例題 2.2

上述のように，各 $i \in \mathbb{N}$ に対して，数列 $\alpha_i = (a_{ij})_{j \in \mathbb{N}}$ が与えられ，さらに，各 a_{ij} は 0 または 1 であるとする（$j \in \mathbb{N}$）．このとき，数列

$$\beta\colon b_1, b_2, b_3, b_4, b_5, \ldots$$

であって，次の条件（ア），（イ）をみたすものが存在することを示せ．

（ア）　b_i は 0 または 1 である（$i \in \mathbb{N}$）．

（イ）　数列 β は，いずれの数列 α_i（$i \in \mathbb{N}$）とも異なる数列である．

【解答】　各 $i \in \mathbb{N}$ に対して，b_i を次のように定めればよい．

$$b_i = \begin{cases} 0 & (a_{ii} = 1 \text{ のとき}), \\ 1 & (a_{ii} = 0 \text{ のとき}). \end{cases}$$

実際，$b_i \neq a_{ii}$ より，β と α_i は異なる数列である（$i \in \mathbb{N}$）．■

確認例題 2.2 の解答のアイデアは，2 つの数列を比較した場合，どれか 1 つの項でも異なっていれば，それらの数列は異なる，ということを利用し，縦横に並んだ項の対角線に着目するというものである．この論法は，それを考え出した人の名前にちなんで，**カントールの対角線論法**とよばれる．

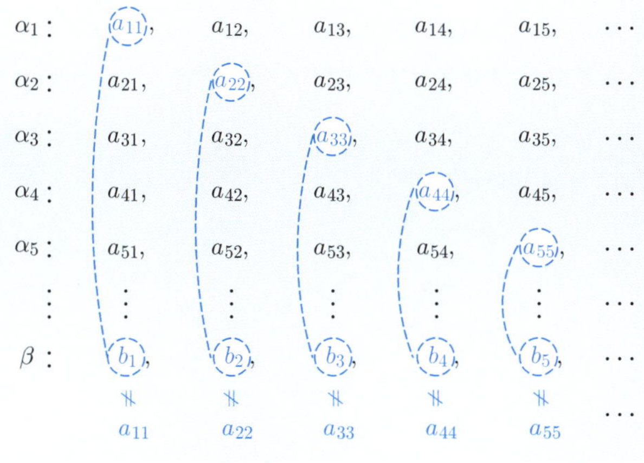

α_1：	a_{11},	a_{12},	a_{13},	a_{14},	a_{15},	$\cdots$
α_2：	a_{21},	a_{22},	a_{23},	a_{24},	a_{25},	$\cdots$
α_3：	a_{31},	a_{32},	a_{33},	a_{34},	a_{35},	$\cdots$
α_4：	a_{41},	a_{42},	a_{43},	a_{44},	a_{45},	$\cdots$
α_5：	a_{51},	a_{52},	a_{53},	a_{54},	a_{55},	$\cdots$
$\vdots$	$\vdots$	$\vdots$	$\vdots$	$\vdots$	$\vdots$	$\cdots$
β：	b_1,	b_2,	b_3,	b_4,	b_5,	$\cdots$
	$\not\parallel$	$\not\parallel$	$\not\parallel$	$\not\parallel$	$\not\parallel$	
	a_{11}	a_{22}	a_{33}	a_{44}	a_{55}	$\cdots$

基本 例題 2.4

各項が0または1である数列全体の集合を X とする．X は非可算集合であることを示せ．

【解答】 背理法による．X が可算集合であると仮定する．X に属するすべての数列に番号をつけて

$$X = \{\alpha_1, \alpha_2, \alpha_3, \ldots\}$$

と表す．また，数列 α_i の第 j 項を a_{ij} と表す（$i, j \in \mathbb{N}$）．

$$\begin{aligned}
&\alpha_1\colon a_{11}, a_{12}, a_{13}, a_{14}, a_{15}, \ldots \\
&\alpha_2\colon a_{21}, a_{22}, a_{23}, a_{24}, a_{25}, \ldots \\
&\alpha_3\colon a_{31}, a_{32}, a_{33}, a_{34}, a_{35}, \ldots \\
&\qquad\vdots
\end{aligned}$$

これらの数列 α_i（$i \in \mathbb{N}$）に対して，確認例題2.2により，数列

$$\beta\colon b_1, b_2, b_3, b_4, b_5, \ldots$$

であって，次の条件（ア），（イ）をみたすものが存在する．

（ア）　b_i は0または1である（$i \in \mathbb{N}$）．

（イ）　数列 β は，どの数列 α_i（$i \in \mathbb{N}$）とも異なる数列である．

条件（ア）より，$\beta \in X$ である．一方，条件（イ）より，β は X に属するどの数列とも異なる．これは矛盾である．

したがって，X は非可算集合である．■

問 2.5 X は集合とし，Y は X の部分集合とする．Y が非可算集合ならば，X も非可算集合であることを示せ．

基本 例題 2.5

実数 x について，次の性質 (P) を考える．

(P)「$0 \leq x < 1$ であり，x を 10 進法の小数として

$$x = 0.a_1a_2a_3a_4a_5\cdots$$

（a_i は小数第 i 位の数，$i \in \mathbb{N}$）と表したとき，各 a_i は 0 または 1 である．」

ただし，有限の桁で表される小数は，それより先の桁がすべて 0 であると考える．たとえば，$x = 0.11$ は

$$x = 0.1100\cdots$$

であると考え，この場合は $a_1 = 1,\ a_2 = 1,\ a_i = 0$（$i \geq 3$）とする．

ここで，次のような集合 A を考える．

$$A = \{x \in \mathbb{R} \mid x \text{ は性質 (P) をみたす}\}.$$

(1)　集合 A は基本例題 2.4 の集合 X と対等であることを示せ．

(2)　A は非可算集合であることを示せ．

(3)　実数全体の集合 $\mathbb{R}$ は非可算集合であることを示せ．

【解答】　(1)　x の 10 進法による表示

$$x = 0.a_1a_2a_3a_4a_5\cdots$$

に対して，数列

$$a_1, a_2, a_3, a_4, a_5, \ldots$$

を対応させることによって，集合 A から基本例題 2.4 の集合 X への全単射写像ができる．よって，A と X は対等である．

(2)　小問 (1) と基本例題 2.4 よりしたがう．

(3)　A は $\mathbb{R}$ の部分集合であり，小問 (2) より，A は非可算集合である．したがって，問 2.5 により，$\mathbb{R}$ は非可算集合である．　■

基本例題 2.3 と基本例題 2.5 により，次のことがわかる．

Point　無限集合は，可算集合と非可算集合の 2 種類に分けられる．

- $\mathbb{Q}$ は可算集合である．
- $\mathbb{R}$ は非可算集合である．

ちょっと寄り道　基本例題 2.5 では，「任意の実数は無限に続く小数を用いて表示できるし，逆に，無限に続く小数を用いて表示された数は実数である」という事実を暗黙のうちに用いている．このことをきちんと説明しようとすると，「そもそも実数とは何か」という問題に突き当たるが，ここでは，常識の範囲内で理解していただければよい．

基本例題 2.4 の応用を述べておこう．

定義 2.2　X は空集合でない集合とする．X の部分集合全体のなす集合を $\mathcal{P}(X)$ と表し，X の**べき集合**とよぶ．

たとえば，$X = \{1, 2, 3\}$ のとき

$$\mathcal{P}(X) = \bigl\{\emptyset, \{1\}, \{2\}, \{3\}, \{1,2\}, \{1,3\}, \{2,3\}, \{1,2,3\}\bigr\}$$

であり，$\#\bigl(\mathcal{P}(X)\bigr) = 8$ である．

一般に，X が有限集合のとき，$\#(X) = n$ とすれば，$\#\bigl(\mathcal{P}(X)\bigr) = 2^n$ である．

基本 例題 2.6

各項が 0 または 1 である数列全体の集合を X とする（基本例題 2.4 参照）．また，$\mathcal{P}(\mathbb{N})$ は $\mathbb{N}$ のべき集合とする．$\mathcal{P}(\mathbb{N})$ の元 A（これは $\mathbb{N}$ の部分集合である）に対して，数列

$$\alpha\colon a_1, a_2, a_3, a_4, a_5, \ldots$$

を次のように定める．

$$a_i = \begin{cases} 1 & (i \in A \text{ のとき}) \\ 0 & (i \notin A \text{ のとき}) \end{cases} \quad (i \in \mathbb{N}).$$

一方，X に属する数列

$$\beta\colon b_1, b_2, b_3, b_4, b_5, \ldots$$

に対して，$\mathcal{P}(\mathbb{N})$ の元（$\mathbb{N}$ の部分集合）B を次のように定める．

$$B = \{i \in \mathbb{N} \mid b_i = 1\}.$$

(1)　$A = \{2k \mid k \in \mathbb{N}\}$ のとき，対応する数列 α はどのような数列か．

(2)　数列 $\beta = (b_i)_{i\in\mathbb{N}}$ が

$$b_i = \begin{cases} 1 & (i \leq 3 \text{ のとき}) \\ 0 & (i \geq 4 \text{ のとき}) \end{cases} \quad (i \in \mathbb{N})$$

によって定まっているとき，対応する $B \in \mathcal{P}(\mathbb{N})$ はどのような集合か．

(3)　$\mathcal{P}(\mathbb{N})$ は非可算集合であることを示せ．

【解答】　(1)　数列 α の偶数番目の項は 1，奇数番目の項は 0 である．

$$\alpha\colon 0, 1, 0, 1, 0, 1, \ldots$$

(2)　$B = \{1, 2, 3\}$.

(3)　X に属する数列から $\mathbb{N}$ の部分集合を作ることができ，$\mathbb{N}$ の部分集合から X に属する数列を作ることができる．これらの対応によって，X の元と $\mathcal{P}(\mathbb{N})$ の元が 1 対 1 に対応する．よって，$\mathcal{P}(\mathbb{N})$ は X と対等である．X は非可算集合であるので，$\mathcal{P}(\mathbb{N})$ も非可算集合である．■

くわしい説明は省くが，基本例題 2.6 により，次のことがわかる．

Point　可算集合 X のべき集合 $\mathcal{P}(X)$ は非可算集合である．

2.4　数列の収束

実数を並べた数列

$$a_1, a_2, a_3, a_4, a_5, \ldots$$

が「収束する」とはどういうことか，ここで考えてみたい．

まず，定義を与えよう．

定義 2.3　数列 $(a_n)_{n\in\mathbb{N}}$ が実数 a に収束するとは，正の実数 ε を任意に与えたとき，その ε に応じて，ある自然数 N が存在し，$n \geq N$ をみたすすべての自然数 n に対して $|a_n - a| < \varepsilon$ が成り立つことをいう．

導入 例題 2.5

太郎君が先生に質問した．

太郎「定義 2.3 の意味がよくわからないんですが…」

先生「定義に書かれている文章は読み取れていますか？」

太郎「日本語は読めているつもりですが，それがどうして『収束』ということになるのか，しっくりきません．」

先生「では，いくつか問題を解きながら，体得してください．」

数列 $(a_n)_{n\in\mathbb{N}}$ を

$$a_n = \frac{n}{2n-1} \quad (n \in \mathbb{N})$$

によって定める．

(1)　$\lim_{n\to\infty} a_n$ を求めよ（高校数学の範囲の解答でよい）．

(2)　小問 (1) で求めた $\lim_{n\to\infty} a_n$ を a とおく．$|a_n - a|$ を n の式で表せ．

(3)　$\varepsilon = 1$ とするとき，任意の自然数 n に対して $|a_n - a| < \varepsilon$ が成り立つことを示せ．

(4)　$\varepsilon = \dfrac{1}{10}$ とするとき，$n \geq 4$ をみたすすべての自然数 n に対して $|a_n - a| < \varepsilon$ が成り立つことを確かめよ．

(5)　$\varepsilon = \dfrac{1}{100}$ とするとき，$n \geq N$ をみたすすべての自然数 n に対して $|a_n - a| < \varepsilon$ となるような自然数 N を1つ定めよ．

(6)　正の実数 ε を任意に与えたとき，その ε に応じて，ある自然数 N が存在し，$n \geq N$ をみたすすべての自然数 n に対して $|a_n - a| < \varepsilon$ が成り立つことを示せ．

【解答】　(1)　$\displaystyle\lim_{n\to\infty} a_n = \lim_{n\to\infty}\left(\frac{1}{2} + \frac{1}{2(2n-1)}\right) = \frac{1}{2}$.

(2)　$a_n - a = \dfrac{1}{2(2n-1)} > 0$ であるので，$|a_n - a| = \dfrac{1}{2(2n-1)}$.

(3)　任意の自然数 n に対して，$2(2n-1) \geq 2$ であるので

$$|a_n - a| = \frac{1}{2(2n-1)} \leq \frac{1}{2} < 1.$$

(4)　$n \geq 4$ のとき，$2(2n-1) \geq 14$ であるので

$$|a_n - a| = \frac{1}{2(2n-1)} \leq \frac{1}{14} < \frac{1}{10}.$$

(5)　$N = 26$ とすればよい．実際，このとき，$n \geq N$ ならば

$$2(2n-1) \geq 2(2N-1) = 102$$

であるので

$$|a_n - a| = \frac{1}{2(2n-1)} \leq \frac{1}{102} < \frac{1}{100}.$$

(6)　ε を任意の正の実数とする．このとき

$$N > \frac{1}{4\varepsilon} + \frac{1}{2}$$

をみたすように自然数 N を選べばよい．実際，$n \geq N$ ならば

$$2(2n-1) \geq 2(2N-1) > 2\left(\frac{1}{2\varepsilon} + 1 - 1\right) = \frac{1}{\varepsilon}$$

であるので

$$|a_n - a| = \frac{1}{2(2n-1)} < \varepsilon.$$

■

次の図を見ていただきたい.「$n \geq N$ をみたすすべての自然数 n に対して $|a_n - a| < \varepsilon$ が成り立つ」ということは，N 番目以降の項がすべて濃い青い帯の中におさまっていることを意味する.

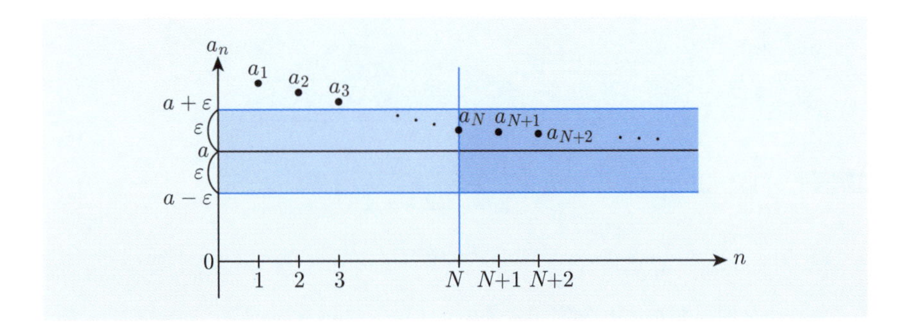

正の実数 ε が小さくなると，青い帯の幅は狭くなるが，どんなに ε が 0 に近い値であっても，ある番号以降の項が $a - \varepsilon$ より大きく $a + \varepsilon$ より小さい範囲にすべておさまるとき，数列 $(a_n)_{n\in\mathbb{N}}$ は a に収束すると考える.

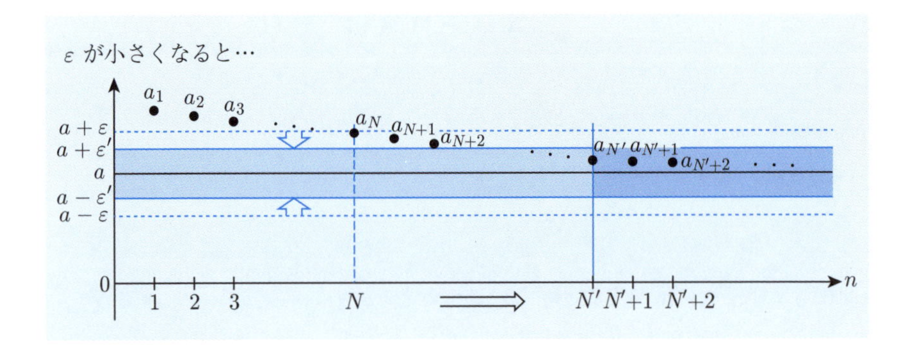

導入　例題 2.6

$(b_n)_{n\in\mathbb{N}}$ は数列とし，b は実数とする.

(1)　ε は正の実数とし，N は自然数とする．このとき，「$n \geq N$ をみたすすべての自然数 n に対して $|b_n - b| < \varepsilon$ が成り立つ」という主張が正しくないことを示すには，どのようなことを示せばよいか.

(2)　ε は正の実数とする．このとき，「ある自然数 N が存在し，$n \geq N$ をみたすすべての自然数 n に対して $|b_n - b| < \varepsilon$ が成り立つ」という主張が正しくないことを示すには，どのようなことを示せばよいか．

(3)　「数列 $(b_n)_{n\in\mathbb{N}}$ が b に収束する」という主張，すなわち，「正の実数 ε を任意に与えたとき，その ε に応じて，ある自然数 N が存在し，$n \geq N$ をみたすすべての自然数 n に対して $|b_n - b| < \varepsilon$ が成り立つ」という主張が正しくないことを示すには，どのようなことを示せばよいか．

【解答】　(1)　「$n \geq N$ かつ $|b_n - b| \geq \varepsilon$」をみたす自然数 n が存在することを示せばよい．

(2)　どのような自然数 N を選んでも，その N に応じて，「$n \geq N$ かつ $|b_n - b| \geq \varepsilon$」をみたす自然数 n が存在することを示せばよい．

(3)　「ある正の実数 ε が存在し，その ε に対してどのように自然数 N を選んでも，その N に応じて，『$n \geq N$ かつ $|b_n - b| \geq \varepsilon$』をみたす自然数 n が存在する」ということを示せばよい．■

導入　例題 2.7

数列 $(b_n)_{n\in\mathbb{N}}$ を

$$b_n = \begin{cases} \dfrac{n}{2n-1} & (n \text{ が正の偶数のとき}) \\ 0 & (n \text{ が正の奇数のとき}) \end{cases}$$

により定める．また，$b = 0$ とおく．

(1)　$\varepsilon = \dfrac{3}{5}$ とする．このとき，「ある自然数 N が存在し，$n \geq N$ をみたすすべての自然数 n に対して $|b_n - b| < \varepsilon$ が成り立つ」という主張が正しいかどうかを判定せよ．

(2)　$\varepsilon = \dfrac{2}{5}$ とする．このとき，「ある自然数 N が存在し，$n \geq N$ をみたすすべての自然数 n に対して $|b_n - b| < \varepsilon$ が成り立つ」という主張が正しいかどうかを判定せよ．

(3)　数列 $(b_n)_{n\in\mathbb{N}}$ は b に収束しないことを示せ．

【解答】 (1)　正しい．実際，n が 3 以上の奇数ならば $b_n = 0$ であるので，$|b_n - b| = 0 < \varepsilon$ が成り立つ．n が 4 以上の偶数ならば

$$|b_n - b| = \frac{n}{2n-1} = \frac{1}{2} + \frac{1}{4n-2} \leq \frac{1}{2} + \frac{1}{14} = \frac{4}{7} < \varepsilon$$

が成り立つ．したがって，$N = 3$ とすれば，$n \geq N$ をみたすすべての自然数 n に対して $|b_n - b| < \varepsilon$ が成り立つ．

(2)　誤りである．実際，n が正の偶数のとき

$$|b_n - b| = \frac{n}{2n-1} = \frac{1}{2} + \frac{1}{4n-2} > \frac{1}{2} \geq \varepsilon$$

であるので，どのように自然数 N を選んでも，「$n \geq N$ かつ $|b_n - b| \geq \varepsilon$」をみたす自然数 n が存在する．

(3)　小問 (2) の結果は，「ある正の実数 ε が存在し，その ε に対してどのように自然数 N を選んでも，その N に応じて，『$n \geq N$ かつ $|b_n - b| \geq \varepsilon$』をみたす自然数 n が存在する」ことを示している $\left(\text{実際，} \varepsilon = \dfrac{2}{5} \text{ とすればよい}\right)$．したがって，数列 $(b_n)_{n\in\mathbb{N}}$ は b に収束しない（導入例題 2.6 (3) 参照）．■

導入例題 2.7 において，$\varepsilon = \dfrac{2}{5}$ とすると，どのように番号 N を選んだとしても，数列 $(b_n)_{n\in\mathbb{N}}$ の N 番目以降の項の中に，「$b - \varepsilon$ から $b + \varepsilon$ までの範囲からはみ出す」ものが必ずある．このような状況のときは，数列 $(b_n)_{n\in\mathbb{N}}$ は b に収束しない．

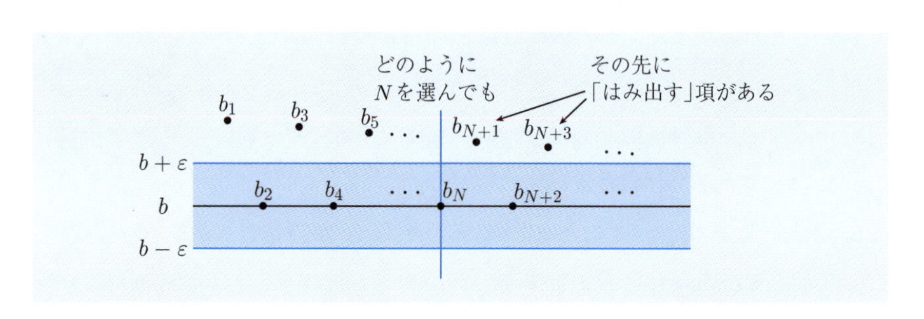

確認 例題 2.3

数列 $(a_n)_{n\in\mathbb{N}}$, $(b_n)_{n\in\mathbb{N}}$ を次のように定める.

$$a_n = \frac{(-1)^n}{n}, \quad b_n = (-1)^n \quad (n \in \mathbb{N}).$$

(1)　数列 $(a_n)_{n\in\mathbb{N}}$ は 0 に収束することを示せ.

(2)　数列 $(b_n)_{n\in\mathbb{N}}$ は 1 に収束しないことを示せ.

(3)　数列 $(b_n)_{n\in\mathbb{N}}$ はどんな実数にも収束しないことを示せ.

【解答】　(1)　正の実数 ε を任意に選ぶ．この ε に対して $N > \dfrac{1}{\varepsilon}$ をみたす自然数 N が存在する．このとき，$n \geq N$ をみたすすべての自然数 n に対して

$$|a_n - 0| = \frac{1}{n} \leq \frac{1}{N} < \varepsilon$$

が成り立つ．よって，数列 $(a_n)_{n\in\mathbb{N}}$ は 0 に収束する．

(2)　$\varepsilon = 1$ とおく．任意の自然数 N に対して，$n \geq N$ をみたす奇数 n を選ぶと，$b_n = -1$ であるので

$$|b_n - 1| = |-1 - 1| = 2 \geq \varepsilon$$

となる．よって，数列 $(b_n)_{n\in\mathbb{N}}$ は 1 に収束しない．

(3)　数列 $(b_n)_{n\in\mathbb{N}}$ が 1 に収束しないことは小問 (2) で示した．そこで，実数 b が $b \neq 1$ をみたすとき，数列 $(b_n)_{n\in\mathbb{N}}$ が b に収束しないことを示す．ここで，$|1-b| > 0$ であることに注意して，実数 ε を

$$0 < \varepsilon \leq |1 - b|$$

をみたすように選ぶ．このとき，任意の自然数 N に対して，N 以上の偶数 n を選ぶと，$b_n = 1$ であるので

$$|b_n - b| = |1 - b| \geq \varepsilon$$

となる．よって，数列 $(b_n)_{n\in\mathbb{N}}$ は b に収束しない．したがって，$(b_n)_{n\in\mathbb{N}}$ はどんな実数にも収束しない．■

注意：確認例題 2.3 (2) の解答において，$\varepsilon = 1$ ではなく，たとえば $\varepsilon = \dfrac{1}{2}$ としてもかまわない．しかるべき条件をみたす正の実数 ε が存在することを示せばよいので，ε の選び方は比較的自由である．

問 2.6 数列 $(a_n)_{n\in\mathbb{N}}$, $(b_n)_{n\in\mathbb{N}}$ を次のように定める．

$$a_n = \frac{1}{n}\sin\frac{n\pi}{2}, \quad b_n = \sin\frac{n\pi}{2} \quad (n \in \mathbb{N}).$$

(1) 数列 $(a_n)_{n\in\mathbb{N}}$ は 0 に収束することを示せ．

(2) 数列 $(b_n)_{n\in\mathbb{N}}$ はどんな実数にも収束しないことを示せ．

基本 例題 2.7

数列 $(a_n)_{n\in\mathbb{N}}$ がある実数 a に収束するとする．b は a と異なる実数とする．このとき，数列 $(a_n)_{n\in\mathbb{N}}$ は b に収束しないことを示せ．

【解答】 背理法を用いる．a に収束する数列 $(a_n)_{n\in\mathbb{N}}$ が b にも収束すると仮定して矛盾を導く．実数 ε を

$$0 < \varepsilon < \frac{|a-b|}{2}$$

をみたすように選ぶ．$(a_n)_{n\in\mathbb{N}}$ が a に収束するので，ある自然数 N_1 が存在して，$n \geq N_1$ をみたすすべての自然数 n に対して

$$|a_n - a| < \varepsilon$$

が成り立つ．同様に，$(a_n)_{n\in\mathbb{N}}$ が b に収束するので，ある自然数 N_2 が存在して，$n \geq N_2$ をみたすすべての自然数 n に対して

$$|a_n - b| < \varepsilon$$

が成り立つ．このとき，$N = \max\{N_1, N_2\}$ (N_1 と N_2 のうちの大きいほう) とすれば，$n \geq N$ をみたすすべての自然数 n に対して

$$|a_n - a| < \varepsilon, \quad |a_n - b| < \varepsilon$$

が成り立つ．このとき

$$|a-b| = |(a_n - b) - (a_n - a)| \leq |a_n - b| + |a_n - a| < 2\varepsilon < |a-b|$$

となるが，これは不合理である．よって，$(a_n)_{n\in\mathbb{N}}$ は b に収束しない． ■

基本例題 2.7 により，次のことがわかる．

Point　数列がある値に収束するならば，その値はただ 1 つである．

2.5　関数の連続性

関数の「連続」「不連続」という概念について考えてみよう．まず，関数

$$f(x) = 2x + 1 \qquad (2.1)$$

を考えると，$y = f(x)$ のグラフは右のような形である．

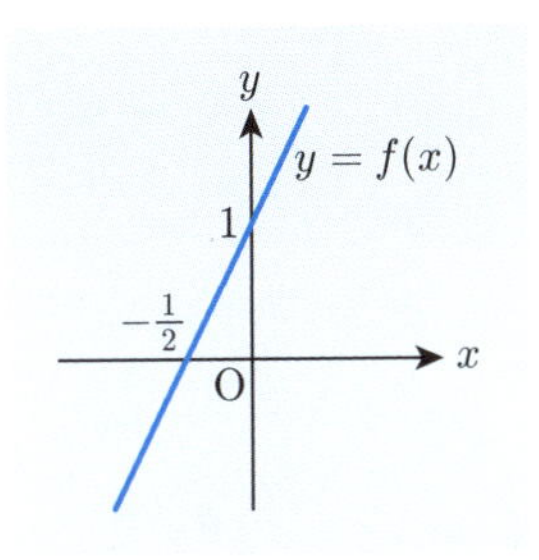

このグラフは，線が「つながって」いる．このようなとき，関数 $f(x)$ は「連続である」と考えられる．

次に

$$g(x) = \begin{cases} 1 & (x \geq 0 \text{ のとき}) \\ 0 & (x < 0 \text{ のとき}) \end{cases} \qquad (2.2)$$

を考えよう．$y = g(x)$ のグラフは右のような形である．

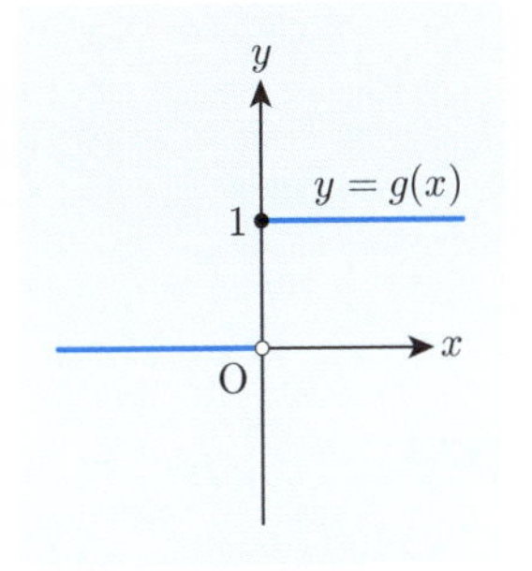

このグラフは，$x = 0$ のところで，線が「途切れて」いる．このようなとき，関数 $g(x)$ は「$x = 0$ において不連続である」と考えられる．

導入 例題 2.8

太郎君と次郎君は，先生から次のような課題を出された．

【課題】　関数 $f(x)$ が $x = a$ において連続であることの定義を与えよ．

この課題をめぐって，太郎君と次郎君は議論をはじめた．

太郎　「『$f(x)$ が $x = a$ において連続である』というのは，つまり，『x が a に近づくときに，それにつれて $f(x)$ も $f(a)$ に近づく』ということだ．」

次郎　「それはそうだけど，それでは厳密な定義とはいえないよ．」

太郎「数列の収束については，きちんとした定義がある．それを利用して，次のように定義してみてはどうだろうか？」

【定義案その1】「実数 a に収束する数列 $(a_n)_{n\in\mathbb{N}}$ をとったとき，f の値の作る数列 $\bigl(f(a_n)\bigr)_{n\in\mathbb{N}}$ が $f(a)$ に収束するとする．このとき，関数 $f(x)$ は $x=a$ において連続であるという．」

次郎「この定義案には，あいまいなところがあると思うんだけど…．」

関数 $f(x)$, $g(x)$ が，それぞれ式 (2.1) と式 (2.2) によって与えられているとする．また，$a=0$ とし，a に収束する数列 $(a_n)_{n\in\mathbb{N}}$, $(b_n)_{n\in\mathbb{N}}$, $(c_n)_{n\in\mathbb{N}}$ を

$$a_n=\frac{1}{n},\quad b_n=-\frac{1}{n},\quad c_n=(-1)^n\frac{1}{n}\quad (n\in\mathbb{N})$$

によって定める．

(1)　数列 $\bigl(f(a_n)\bigr)_{n\in\mathbb{N}}$, $\bigl(f(b_n)\bigr)_{n\in\mathbb{N}}$, $\bigl(f(c_n)\bigr)_{n\in\mathbb{N}}$ がそれぞれ $f(a)$ に収束するかどうかを述べよ（証明は省略してよい）．

(2)　数列 $\bigl(g(a_n)\bigr)_{n\in\mathbb{N}}$, $\bigl(g(b_n)\bigr)_{n\in\mathbb{N}}$, $\bigl(g(c_n)\bigr)_{n\in\mathbb{N}}$ がそれぞれ $g(a)$ に収束するかどうかを述べよ（証明は省略してよい）．

【解答】　(1)　$f(a)=f(0)=1$ であることに注意する．

数列 $\bigl(f(a_n)\bigr)_{n\in\mathbb{N}}$, $\bigl(f(b_n)\bigr)_{n\in\mathbb{N}}$, $\bigl(f(c_n)\bigr)_{n\in\mathbb{N}}$ はそれぞれ

$$f(a_n)=\frac{2}{n}+1,\quad f(b_n)=-\frac{2}{n}+1,\quad f(c_n)=(-1)^n\frac{2}{n}+1\quad (n\in\mathbb{N})$$

で与えられる．これらはすべて $1\ \bigl(=f(a)\bigr)$ に収束する．

(2)　$g(a)=g(0)=1$ であることに注意する．

$a_n\geq 0$ であるので，$\bigl(g(a_n)\bigr)_{n\in\mathbb{N}}$ は

$$g(a_n)=1\quad (n\in\mathbb{N})$$

で与えられる数列である．これは $1\ \bigl(=g(a)\bigr)$ に収束する．

また，$b_n<0$ であるので，$\bigl(g(b_n)\bigr)_{n\in\mathbb{N}}$ は

$$g(b_n)=0\quad (n\in\mathbb{N})$$

で与えられる数列である．これは 0 に収束するが，$g(a)$ には収束しない．

また，n が偶数ならば $c_n \geq 0$，n が奇数ならば $c_n < 0$ であるので

$$g(c_n) = \begin{cases} 1 & (n \text{ が偶数のとき}) \\ 0 & (n \text{ が奇数のとき}) \end{cases}$$

となる．数列 $\bigl(g(c_n)\bigr)_{n\in\mathbb{N}}$ はどんな値にも収束しない．■

導入 例題 2.9

太郎君と次郎君の議論は続いている．

太郎 「導入例題 2.8 の関数 $g(x)$ は，a に収束する数列の選び方によって，g の値の作る数列の様子が変わってしまう．そこで，定義案を次のように修正しようと思う．」

【定義案その 2】 「実数 a に収束する数列 $(a_n)_{n\in\mathbb{N}}$ をどのように選んでも，f の値の作る数列 $(f(a_n))_{n\in\mathbb{N}}$ が $f(a)$ に収束するとき，関数 $f(x)$ は $x = a$ において連続であるという．」

次郎 「なるほど．ただ，『a に収束するすべての数列 $(a_n)_{n\in\mathbb{N}}$ に対して，f の値の作る数列 $\bigl(f(a_n)\bigr)_{n\in\mathbb{N}}$ を調べる』というのは手間がかかるので，僕は次のような定義を提案する．数列を持ち出さずに，『a に近いすべての x に対して，$f(x)$ と $f(a)$ が近いかどうかを調べる』というアイデアだ．」

【定義案その 3】 「関数 $f(x)$ が $x = a$ において連続であるとは，正の実数 ε を任意に与えたとき，その ε に応じて，ある正の実数 δ が存在し，$|x - a| < \delta$ をみたすすべての実数 x に対して $|f(x) - f(a)| < \varepsilon$ が成り立つことをいう．」

太郎 「おそらく，この 2 つの定義案は同値だと思う．」

いま，関数 $f(x)$ が【定義案その 3】の条件をみたしているとする．このとき，$f(x)$ は【定義案その 2】の条件をみたすことを次の手順にしたがって示せ．

(1) a に収束する数列 $(a_n)_{n\in\mathbb{N}}$ を任意に選ぶ．ε は任意の正の実数とする．このとき，ある正の実数 δ が存在し，$|x-a|<\delta$ をみたすすべての実数 x に対して $|f(x)-f(a)|<\varepsilon$ が成り立つことを示せ．

(2) 小問 (1) で選んだ正の実数 δ に対して，ある自然数 N が存在し，$n \geq N$ をみたすすべての自然数 n に対して $|a_n - a| < \delta$ が成り立つことを示せ．

(3) 数列 $\bigl(f(a_n)\bigr)_{n\in\mathbb{N}}$ は $f(a)$ に収束することを示せ．

(4) 関数 $f(x)$ が【定義案その 3】の条件をみたすならば，$f(x)$ は【定義案その 2】の条件をみたすことを示せ．

【解答】 (1) $f(x)$ が【定義案その 3】の条件をみたすという仮定よりしたがう．

(2) 数列 $(a_n)_{n\in\mathbb{N}}$ が a に収束することよりしたがう（定義 2.3 において，ε のかわりに δ を考えればよい）．

(3) 正の実数 ε を任意に与え，それに対して，小問 (1)，小問 (2) のように正の実数 δ，自然数 N を選ぶ．このとき，$n \geq N$ をみたすすべての自然数 n に対して

$$|a_n - a| < \delta$$

が成り立つ（小問 (2)）．さらに，そのような n に対して

$$|f(a_n) - f(a)| < \varepsilon$$

が成り立つ（$x = a_n$ に対して，小問 (1) を適用すればよい）．

結局，「正の実数 ε を任意に与えたとき，ある自然数 N が存在して，$n \geq N$ をみたすすべての自然数 n に対して $|f(a_n) - f(a)| < \varepsilon$ が成り立つ」ということが示された．よって，数列 $\bigl(f(a_n)\bigr)_{n\in\mathbb{N}}$ は $f(a)$ に収束する．

(4) 小問 (3) よりしたがう． ■

導入例題 2.9 により，「【定義案その 3】⇒【定義案その 2】」が示された．では，その逆はどうだろうか？

導入 例題 2.10

関数 $f(x)$ が【定義案その 2】の条件をみたすならば，$f(x)$ は【定義案その 3】の条件をみたすことを示したい．そのために，対偶を示すことにする．

(1)　$f(x)$ が【定義案その 3】の条件をみたさないことは，次の条件 (P) が成り立つことと同値であることを示せ．

(P)「ある正の実数 ε が存在し，その ε に対して，正の実数 δ をどのように与えても，『$|x-a|<\delta$ かつ $|f(x)-f(a)| \geq \varepsilon$』をみたす実数 x が存在する．」

(2)　$f(x)$ が【定義案その 2】の条件をみたさないことを示すには，どのような数列が存在することを示せばよいか．

(3)　$f(x)$ が【定義案その 3】をみたさないと仮定し，ε は小問 (1) の条件 (P) で与えられるものとする．このとき

$$|a'_1 - a| < 1 \quad \text{かつ} \quad |f(a'_1) - f(a)| \geq \varepsilon$$

をみたす実数 a'_1 が存在することを示せ．

(4)　小問 (3) の状況のもと

$$|a'_2 - a| < \frac{1}{2} \quad \text{かつ} \quad |f(a'_2) - f(a)| \geq \varepsilon$$

をみたす実数 a'_2 が存在することを示せ．

(5)　小問 (3) の状況のもと，自然数 n に対して

$$|a'_n - a| < \frac{1}{n} \quad \text{かつ} \quad |f(a'_n) - f(a)| \geq \varepsilon$$

をみたす実数 a'_n が存在することを示せ．

(6)　小問 (5) の実数 a'_n を並べた数列 $(a'_n)_{n\in\mathbb{N}}$ は a に収束するが，数列 $\big(f(a'_n)\big)_{n\in\mathbb{N}}$ は $f(a)$ に収束しないことを示せ．

(7)　関数 $f(x)$ が【定義案その 3】の条件をみたさないならば，$f(x)$ は【定義案その 2】の条件をみたさないことを示せ．

【解答】 (1)　次のようにして示される．

$f(x)$ が【定義案その3】をみたさない

$\Leftrightarrow$ ある正の実数 ε が存在し，その ε に対しては，「正の実数 δ が存在し，『$|x-a|<\delta$ をみたすすべての実数 x に対して $|f(x)-f(a)|<\varepsilon$ が成り立つ』」ということが成り立たない

$\Leftrightarrow$ ある正の実数 ε が存在し，その ε に対して，どのように正の実数 δ を選んでも，「$|x-a|<\delta$ をみたすすべての実数 x に対して $|f(x)-f(a)|<\varepsilon$ が成り立つ」ということが成り立たない

$\Leftrightarrow$ ある正の実数 ε が存在し，その ε に対して，どのように正の実数 δ を選んでも，$|x-a|<\delta$ かつ $|f(x)-f(a)|\geq\varepsilon$ となる実数 x が存在する．

(2)　$(a_n)_{n\in\mathbb{N}}$ は a に収束するが，$\big(f(a_n)\big)_{n\in\mathbb{N}}$ は $f(a)$ に収束しないような数列 $(a_n)_{n\in\mathbb{N}}$ が存在することを示せばよい．

(3)　小問 (1) の条件 (P) において，$\delta=1$ とおけばよい．

(4)　小問 (1) の条件 (P) において，$\delta=\dfrac{1}{2}$ とおけばよい．

(5)　小問 (1) の条件 (P) において，$\delta=\dfrac{1}{n}$ とおけばよい．

(6)　正の実数 ε' を任意に与えたとき，自然数 N を

$$N>\frac{1}{\varepsilon'}$$

が成り立つように選べば，$n\geq N$ をみたすすべての自然数 n に対して

$$|a'_n-a|<\frac{1}{n}\leq\frac{1}{N}<\varepsilon'$$

が成り立つ．よって，数列 $(a'_n)_{n\in\mathbb{N}}$ は a に収束する．

一方，数列 $(f(a'_n))_{n\in\mathbb{N}}$ については，正の実数 ε を小問 (1) の条件 (P) をみたすように選ぶと，すべての自然数 n に対して

$$|f(a'_n)-f(a)|\geq\varepsilon$$

が成り立つ．したがって，数列 $\big(f(a'_n)\big)_{n\in\mathbb{N}}$ は $f(a)$ に収束しない．

(7)　小問 (6) よりしたがう．　■

導入例題 2.9 と導入例題 2.10 により，【定義案その 2】と【定義案その 3】は同値である．ここでは【定義案その 3】を採用し，あらためて定義を述べる．

定義 2.4　$f: \mathbb{R} \to \mathbb{R}$ は関数とする．

(1)　$a \in \mathbb{R}$ とする．関数 $f(x)$ が $x = a$ において**連続**であるとは，正の実数 ε を任意に与えたとき，その ε に応じて，ある正の実数 δ が存在し，$|x - a| < \delta$ をみたすすべての実数 x に対して $|f(x) - f(a)| < \varepsilon$ が成り立つことをいう．$f(x)$ が $x = a$ において連続でないとき，$f(x)$ は $x = a$ において**不連続**であるという．

(2)　任意の実数 a に対して $f(x)$ が $x = a$ において連続であるとき，$f(x)$ は**連続関数**である（**連続**である）という．

注意：

(1)　定義 2.4 では，$\mathbb{R}$ 全体で定義された関数を取り扱ったが，たとえば $\mathbb{R}$ の開区間

$$(0, 1) = \{x \in \mathbb{R} \mid 0 < x < 1\}$$

において定義された関数に対しても，同様の定義ができる．

(2)　関数が連続であることを定義するとき，伝統的に，ギリシャ文字 ε, δ を用いることが多い．そういうわけで，定義 2.4 などを用いて連続性を論じる議論は，しばしば「**イプシロン－デルタ論法**」とよばれる．

確認 例題 2.4

関数 $f(x)$, $g(x)$ が，それぞれ，式 (2.1) と式 (2.2) によって与えられているとする．定義 2.4 に照らして，次のことを示せ．

(1)　$f(x)$ が連続関数であること．

(2)　$g(x)$ が $x = 0$ において不連続であること．

【解答】 (1)　a を任意の実数とし，$f(x)$ が $x = a$ において連続であることを示す．正の実数 ε を任意に与える．この ε に対して，正の実数 δ を

$$\delta = \frac{\varepsilon}{2}$$

と定めると，$|x-a|<\delta$ をみたすすべての実数 x に対して

$$|f(x)-f(a)| = |2(x-a)| < 2\delta = \varepsilon$$

が成り立つ．正の実数 ε を任意に与えたとき，その ε に応じて，正の実数 δ $\left(\text{この場合は } \delta = \dfrac{\varepsilon}{2}\right)$ が存在し，$|x-a|<\delta$ をみたすすべての実数 x に対して $|f(x)-f(a)|<\varepsilon$ が成り立つので，$f(x)$ は $x=a$ において連続である．

a は任意の実数であるので，$f(x)$ は連続関数である．

(2) $\varepsilon = \dfrac{1}{2}$ とおく．正の実数 δ を任意に選ぶ．この δ に対して

$$x = -\frac{\delta}{2}$$

とおけば，$g(x)=0$ であり

$$|x-0|<\delta \quad \text{かつ} \quad |g(x)-g(0)| = |0-1| = 1 \geqq \varepsilon$$

が成り立つ．ある正の実数 ε が存在し $\left(\text{この場合は } \varepsilon = \dfrac{1}{2}\right)$，その ε に対して，正の実数 δ をどのように与えても，「$|x-0|<\delta$ かつ $|g(x)-g(0)| \geqq \varepsilon$」をみたす実数 x が存在するので $\left(\text{この場合は } x = -\dfrac{\delta}{2}\right)$，$g(x)$ は $x=0$ において不連続である． ■

問 2.7 関数 $f(x)$ を次のように定める．

$$f(x) = \begin{cases} \sin\dfrac{1}{x} & (x \neq 0 \text{ のとき}), \\ 0 & (x = 0 \text{ のとき}). \end{cases}$$

(1) $f(x)=1$ となる $x \in \mathbb{R}$ をすべて求めよ．

(2) $\varepsilon = \dfrac{1}{2}$ とおく．正の実数 δ を任意に与えたとき，その δ に応じて

$$|x-0|<\delta \quad \text{かつ} \quad |f(x)-f(0)| \geqq \varepsilon$$

をみたす実数 x が存在することを示せ．

(3) $f(x)$ は $x=0$ において不連続であることを示せ．

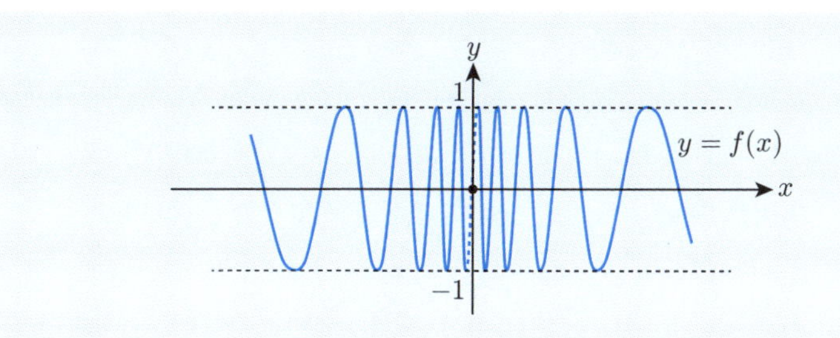

問 2.8 関数 $g(x)$ を次のように定める．

$$g(x) = \begin{cases} x \sin \dfrac{1}{x} & (x \neq 0 \text{ のとき}), \\ 0 & (x = 0 \text{ のとき}). \end{cases}$$

(1) $|g(x)| \leq |x|$ を示せ．

(2) $g(x)$ は $x = 0$ において連続であることを示せ．

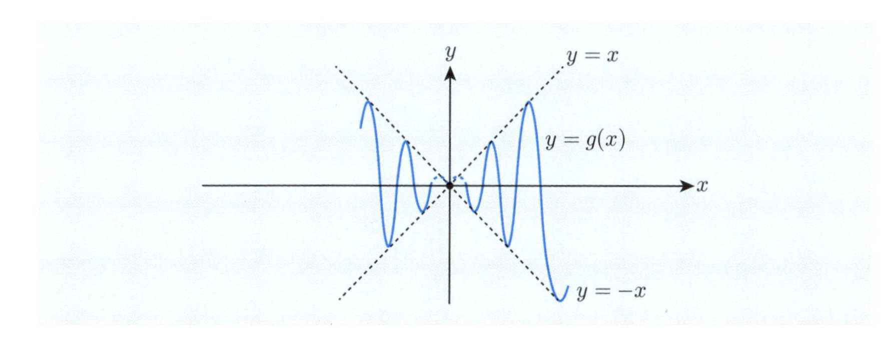

基本 例題 2.8

2 つの関数 $f(x)$, $g(y)$ を考える．$a \in \mathbb{R}$ とし，$b = f(a)$ とおく．関数 $f(x)$ は $x = a$ において連続であり，関数 $g(y)$ は $y = b$ において連続であるとする．このとき，合成関数 $g \circ f(x)$ は $x = a$ において連続であることを示せ．

【解答】 正の実数 ε を任意にとる．関数 $g(y)$ が $y = b$ において連続であるので，この ε に応じて正の実数 ε' が存在し，$|y - b| < \varepsilon'$ をみたすすべての実数

y に対して

$$|g(y) - g(b)| < \varepsilon \tag{2.3}$$

が成り立つ．さらに，関数 $f(x)$ が $x = a$ において連続であるので，この ε' に応じて正の実数 δ が存在し，$|x - a| < \delta$ をみたすすべての実数 x に対して

$$|f(x) - f(a)| = |f(x) - b| < \varepsilon'$$

が成り立つ．このとき，$y = f(x)$ $\bigl(|x - a| < \delta\bigr)$ に対して式 (2.3) を適用することができ

$$|g \circ f(x) - g \circ f(a)| = \bigl|g\bigl(f(x)\bigr) - g(b)\bigr| = |g(y) - g(b)| < \varepsilon$$

が成り立つ．よって，合成関数 $g \circ f(x)$ は $x = a$ において連続である． ■

2.6 $\mathbb{R}^k$ 内の点列の収束

導入 例題 2.11

(1) xy 平面上に2点 $\mathrm{P} = (4, 1)$, $\mathrm{Q} = (2, 4)$ がある．点Pと点Qの間の距離を求めよ．

(2) xyz 空間内に2点 $\mathrm{P}' = (4, 1, 2)$, $\mathrm{Q}' = (2, 4, 3)$ がある．点 P' と点 Q' の間の距離を求めよ．

(3) xy 平面上に2点 $\mathrm{P} = (a_1, a_2)$, $\mathrm{Q} = (b_1, b_2)$ がある $(a_1, a_2, b_1, b_2 \in \mathbb{R})$．点Pと点Qの間の距離を求めよ．

(4) xyz 空間内に2点 $\mathrm{P}' = (a_1, a_2, a_3)$, $\mathrm{Q}' = (b_1, b_2, b_3)$ がある $(a_1, a_2, a_3, b_1, b_2, b_3 \in \mathbb{R})$．点 P' と点 Q' の間の距離を求めよ．

【解答】 (1) 図のように点 $\mathrm{R} = (2, 1)$ をとると，三角形PQRはRを直角の頂点とする直角三角形である．

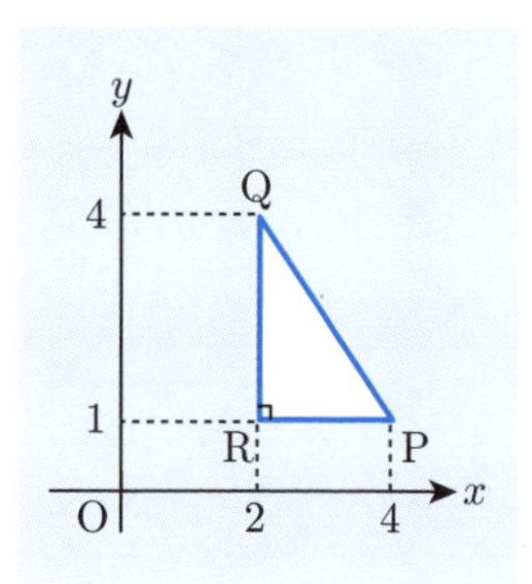

辺RPの長さは，2点P, Qの x 座標の差に等しく，それは

$$|4 - 2| = 2$$

である．辺RQの長さは，2点P, Qの y 座標の差

に等しく，それは

$$|1-4| = 3$$

である．したがって，三平方の定理より，点 P と点 Q の間の距離は

$$\sqrt{2^2+3^2} = \sqrt{13}$$

である．

(2)　P', Q' から平面 $z=0$ におろした垂線の足を xy 平面上の点とみれば，それらはそれぞれ，小問 (1) の点 P, Q であることに注意する．

いま，4 点 P, Q, P', Q' を含む平面を考え，その平面上でのこれらの点の位置関係を表すと，右の図のようになる．ここで，点 H は点 P' から線分 QQ' におろした垂線の足である．

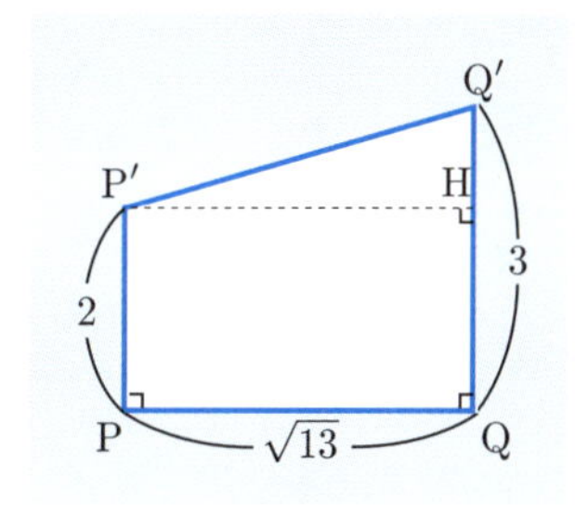

小問 (1) より，線分 PQ の長さは $\sqrt{13}$ であり，これは線分 $\mathrm{P}'\mathrm{H}$ の長さと等しい．また，線分 HQ' の長さは，2 点 P', Q' の z 座標の差に等しく，それは

$$|2-3| = 1$$

である．よって，点 P' と点 Q' の間の距離は

$$\sqrt{\left(\sqrt{13}\right)^2+1^2} = \sqrt{14}$$

である．

(3)　小問 (1) と同様に考えると，点 P と点 Q の間の距離は

$$\begin{aligned}&\sqrt{|a_1-b_1|^2+|a_2-b_2|^2}\\&=\sqrt{(a_1-b_1)^2+(a_2-b_2)^2}\end{aligned}$$

である．

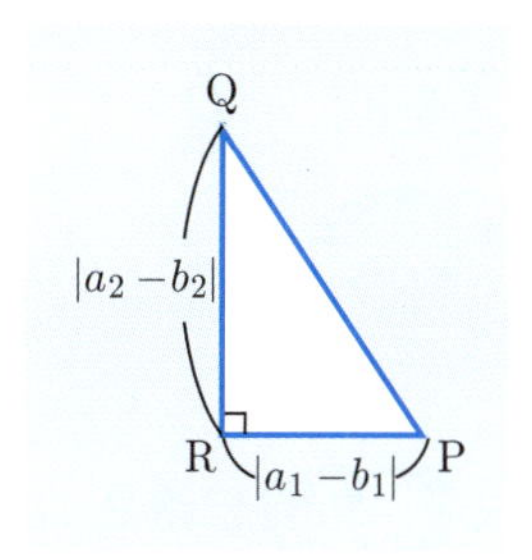

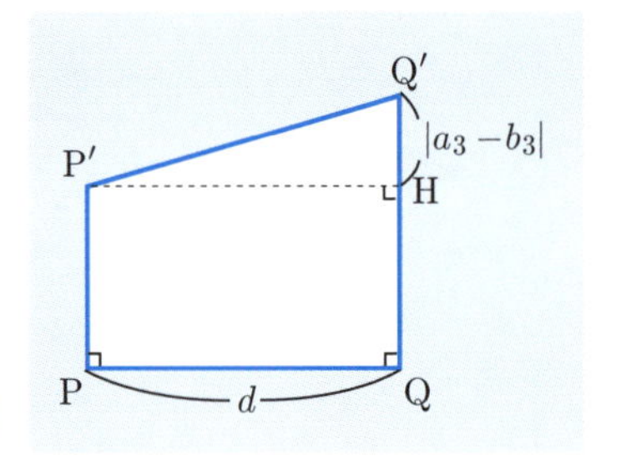

(4)　小問 (3) で求めた点 P と点 Q の間の距離を d とおく．小問 (2) と同様に考えれば，点 P′ と点 Q′ の間の距離は

$$\sqrt{d^2+|a_3-b_3|^2}$$
$$=\sqrt{(a_1-b_1)^2+(a_2-b_2)^2+(a_3-b_3)^2}$$

である．■

問 2.9　実数 a, b を数直線上の点とみるとき，a と b の間の距離はどのように表されるか．

k は自然数とする．$\mathbb{R}$ の k 個の直積集合

$$\mathbb{R}^k=\underbrace{\mathbb{R}\times\mathbb{R}\times\cdots\times\mathbb{R}}_{k\text{ 個}}$$

を「空間」とみなしてみよう．そのようにみなす場合，$\mathbb{R}^k$ を k 次元**ユークリッド空間**とよび，$\mathbb{R}^k$ の元を**点**とよぶ．

$\mathbb{R}^k$ の 2 点 $\mathrm{P}=(a_1,a_2,\ldots,a_k)$, $\mathrm{Q}=(b_1,b_2,\ldots,b_k)$ の間の**距離** $d(\mathrm{P},\mathrm{Q})$ を

$$d(\mathrm{P},\mathrm{Q})=\sqrt{(a_1-b_1)^2+(a_2-b_2)^2+\cdots+(a_k-b_k)^2} \qquad (2.4)$$

と定める．

$k=2,3$ のとき，式 (2.4) の右辺は導入例題 2.11 (3), (4) で求めたものと一致する．

問 2.10　$k=1$ のとき，式 (2.4) の右辺は $|a_1-b_1|$ と一致することを確かめよ．

ちょっと寄り道　一般の自然数 k に対して「k 次元空間」を考えることに抵抗を感じる読者もいるかもしれないが，ここは気楽に，「空間とは，集合に視覚的なイメージが加わったものである」と考えればよい．

導入 例題 2.12

$\mathrm{P}=(a_1,a_2)$, $\mathrm{Q}=(b_1,b_2)$, $\mathrm{R}=(c_1,c_2)\in\mathbb{R}^2$ とし

$$\alpha_i=a_i-b_i,\quad \beta_i=b_i-c_i$$

とおく $(a_i,b_i,c_i\in\mathbb{R},\ 1\leq i\leq 2)$．

(1) $(\alpha_1\beta_1+\alpha_2\beta_2)^2 \leq (\alpha_1^2+\alpha_2^2)(\beta_1^2+\beta_2^2)$ を示せ.

(2) $\alpha_1\beta_1+\alpha_2\beta_2 \leq \sqrt{(\alpha_1^2+\alpha_2^2)(\beta_1^2+\beta_2^2)}$ を示せ.

(3) $\left(\sqrt{(\alpha_1+\beta_1)^2+(\alpha_2+\beta_2)^2}\right)^2 \leq \left(\sqrt{\alpha_1^2+\alpha_2^2}+\sqrt{\beta_1^2+\beta_2^2}\right)^2$ を示せ.

(4) $\sqrt{(\alpha_1+\beta_1)^2+(\alpha_2+\beta_2)^2} \leq \sqrt{\alpha_1^2+\alpha_2^2}+\sqrt{\beta_1^2+\beta_2^2}$ を示せ.

(5) $d(\mathrm{P},\mathrm{R}) \leq d(\mathrm{P},\mathrm{Q})+d(\mathrm{Q},\mathrm{R})$ を示せ.

【解答】 (1) 次の式より，求める不等式が得られる.

$$
\begin{aligned}
&(\alpha_1^2+\alpha_2^2)(\beta_1^2+\beta_2^2)-(\alpha_1\beta_1+\alpha_2\beta_2)^2 \\
&=\alpha_1^2\beta_2^2+\alpha_2^2\beta_1^2-2\alpha_1\alpha_2\beta_1\beta_2 \\
&=(\alpha_1\beta_2-\alpha_2\beta_1)^2 \geq 0.
\end{aligned}
$$

(2) 小問 (1) の不等式の両辺の平方根をとればよい.

(3) 小問 (2) の不等式を利用すれば

$$
\begin{aligned}
&\left(\sqrt{\alpha_1^2+\alpha_2^2}+\sqrt{\beta_1^2+\beta_2^2}\right)^2-\left(\sqrt{(\alpha_1+\beta_1)^2+(\alpha_2+\beta_2)^2}\right)^2 \\
&=2\left\{\sqrt{(\alpha_1^2+\alpha_2^2)(\beta_1^2+\beta_2^2)}-(\alpha_1\beta_1+\alpha_2\beta_2)\right\} \geq 0
\end{aligned}
$$

が得られる．このことより，求める不等式が成り立つことがわかる.

(4) 小問 (3) の不等式の両辺の平方根をとればよい.

(5) 次の式が成り立つことに注意すれば，小問 (4) の不等式より，求める不等式がしたがう.

$$
\begin{aligned}
d(\mathrm{P},\mathrm{Q}) &= \sqrt{(a_1-b_1)^2+(a_2-b_2)^2}=\sqrt{\alpha_1^2+\alpha_2^2}, \\
d(\mathrm{Q},\mathrm{R}) &= \sqrt{(b_1-c_1)^2+(b_2-c_2)^2}=\sqrt{\beta_1^2+\beta_2^2}, \\
d(\mathrm{P},\mathrm{R}) &= \sqrt{(a_1-c_1)^2+(a_2-c_2)^2} \\
&= \sqrt{(a_1-b_1+b_1-c_1)^2+(a_2-b_2+b_2-c_2)^2} \\
&= \sqrt{(\alpha_1+\beta_1)^2+(\alpha_2+\beta_2)^2}.
\end{aligned}
$$

■

問 2.11 $\mathrm{P}=(a_1,a_2,a_3),\ \mathrm{Q}=(b_1,b_2,b_3),\ \mathrm{R}=(c_1,c_2,c_3)\in\mathbb{R}^3$ とし

$$\alpha_i = a_i - b_i, \quad \beta_i = b_i - c_i$$

とおく（$a_i, b_i, c_i \in \mathbb{R},\ 1 \leq i \leq 3$）.

(1) $(\alpha_1\beta_1+\alpha_2\beta_2+\alpha_3\beta_3)^2 \leq (\alpha_1^2+\alpha_2^2+\alpha_3^2)(\beta_1^2+\beta_2^2+\beta_3^2)$ を示せ.

(2) $\alpha_1\beta_1+\alpha_2\beta_2+\alpha_3\beta_3 \leq \sqrt{(\alpha_1^2+\alpha_2^2+\alpha_3^2)(\beta_1^2+\beta_2^2+\beta_3^2)}$ を示せ.

(3) $\left(\sqrt{(\alpha_1+\beta_1)^2+(\alpha_2+\beta_2)^2+(\alpha_3+\beta_3)^2}\right)^2 \leq \left(\sqrt{\alpha_1^2+\alpha_2^2+\alpha_3^2}+\sqrt{\beta_1^2+\beta_2^2+\beta_3^2}\right)^2$ を示せ.

(4) $\sqrt{(\alpha_1+\beta_1)^2+(\alpha_2+\beta_2)^2+(\alpha_3+\beta_3)^2} \leq \sqrt{\alpha_1^2+\alpha_2^2+\alpha_3^2}+\sqrt{\beta_1^2+\beta_2^2+\beta_3^2}$ を示せ.

(5) $d(\mathrm{P},\mathrm{R}) \leq d(\mathrm{P},\mathrm{Q}) + d(\mathrm{Q},\mathrm{R})$ を示せ.

一般に，$\mathbb{R}^k$ 内の3点P, Q, Rに対して

$$d(\mathrm{P},\mathrm{R}) \leq d(\mathrm{P},\mathrm{Q}) + d(\mathrm{Q},\mathrm{R}) \qquad (2.5)$$

が成り立つ．この不等式 (2.5) は，「三角形の1辺の長さが他の2辺の長さの和以下である」という事実に対応するので，**三角不等式**とよばれる．

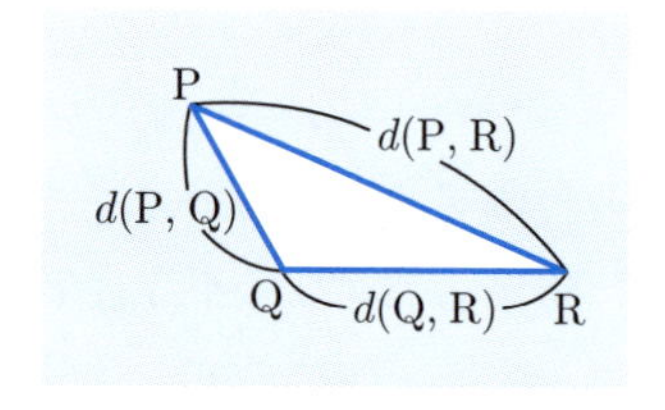

$\mathbb{R}^k$ 内の点列（点の列）がある点に収束することの定義を述べよう．この定義は，数列の収束の定義（定義2.3）と同様の考え方に基づいている．

定義 2.5 $\mathbb{R}^k$ 内の点列

$$\mathrm{P}_1, \mathrm{P}_2, \mathrm{P}_3, \mathrm{P}_4, \mathrm{P}_5, \ldots \quad (\mathrm{P}_n \in \mathbb{R}^k,\ n \in \mathbb{N})$$

が与えられているとする．この点列 $(\mathrm{P}_n)_{n\in\mathbb{N}}$ が $\mathbb{R}^k$ 内の点Pに収束するとは，正の実数 ε を任意に与えたとき，その ε に応じて，ある自然数 N が存在し，$n \geq N$ をみたすすべての自然数 n に対して $d(\mathrm{P}_n, \mathrm{P}) < \varepsilon$ が成り立つことをいう．

確認 例題 2.5

$\mathbb{R}^2$ 内の点列 $(\mathrm{P}_n)_{n\in\mathbb{N}}$ を次のように定める．

$$\mathrm{P}_n = (a_n, b_n), \quad a_n = \frac{1}{n}\cos\frac{n\pi}{2}, \quad b_n = \frac{1}{n}\sin\frac{n\pi}{2} \quad (n \in \mathbb{N}).$$

定義 2.5 に照らして，この点列 $(\mathrm{P}_n)_{n\in\mathbb{N}}$ が原点 $\mathrm{O} = (0,0)$ に収束することを確かめよ．

【解答】 次の式が成り立つことに注意する $(n \in \mathbb{N})$．

$$d(\mathrm{P}_n, \mathrm{O}) = \sqrt{(a_n - 0)^2 + (b_n - 0)^2} = \frac{1}{n}.$$

正の実数 ε を任意に与えるとき，自然数 N を

$$N > \frac{1}{\varepsilon}$$

が成り立つように選ぶ．このとき，$n \geq N$ をみたすすべての自然数 n に対して

$$d(\mathrm{P}_n, \mathrm{O}) = \frac{1}{n} \leq \frac{1}{N} < \varepsilon$$

が成り立つ．よって，点列 $(\mathrm{P}_n)_{n\in\mathbb{N}}$ は原点 O に収束する．■

問 2.12 $\mathbb{R}^2$ 内の点列 $(\mathrm{Q}_n)_{n\in\mathbb{N}}$ を次のように定める．

$$\mathrm{Q}_n = (c_n, d_n), \quad c_n = \cos\frac{n\pi}{2}, \quad d_n = \sin\frac{n\pi}{2} \quad (n \in \mathbb{N}).$$

(1) $\mathrm{R} = (1,0)$ とする．点列 $(\mathrm{Q}_n)_{n\in\mathbb{N}}$ は点 R に収束しないことを示せ．

(2) 点列 $(\mathrm{Q}_n)_{n\in\mathbb{N}}$ はどんな点にも収束しないことを示せ．

基本 例題 2.9

$\mathbb{R}^2$ 内の点列 $(\mathrm{P}_n)_{n\in\mathbb{N}}$ が

$$\mathrm{P}_n = (a_n, b_n) \quad (a_n, b_n \in \mathbb{R},\ n \in \mathbb{N})$$

によって与えられており，この点列が点 $\mathrm{P} = (a, b)$（$a, b \in \mathbb{R}$）に収束しているとする．このとき，数列 $(a_n)_{n\in\mathbb{N}}$ は a に収束し，数列 $(b_n)_{n\in\mathbb{N}}$ は b に収束することを示せ．

【解答】 正の実数 ε を任意に選ぶ．点列 $(\mathrm{P}_n)_{n\in\mathbb{N}}$ が点 P に収束するので，ある自然数 N が存在し，$n \geq N$ をみたすすべての自然数 n に対して

$$d(\mathrm{P}_n, \mathrm{P}) < \varepsilon$$

が成り立つ．このとき，$n \geq N$ をみたすすべての自然数 n に対して

$$|a_n - a| \leq \sqrt{(a_n - a)^2 + (b_n - b)^2} = d(\mathrm{P}_n, \mathrm{P}) < \varepsilon,$$
$$|b_n - b| \leq \sqrt{(a_n - a)^2 + (b_n - b)^2} = d(\mathrm{P}_n, \mathrm{P}) < \varepsilon$$

が成り立つ．したがって，数列 $(a_n)_{n\in\mathbb{N}}$ は a に収束し，数列 $(b_n)_{n\in\mathbb{N}}$ は b に収束する． ■

問 2.13

(1) 0 以上の実数 α, β に対して

$$\sqrt{\alpha^2 + \beta^2} \leq \alpha + \beta$$

が成り立つことを示せ．

(2) $(\mathrm{P}_n)_{n\in\mathbb{N}}$ は $\mathbb{R}^2$ 内の点列とし，$\mathrm{P}_n = (a_n, b_n)$ とする（$a_n, b_n \in \mathbb{R},\ n \in \mathbb{N}$）．数列 $(a_n)_{n\in\mathbb{N}}$ は a に収束し，数列 $(b_n)_{n\in\mathbb{N}}$ は b に収束すると仮定する．このとき，点列 $(\mathrm{P}_n)_{n\in\mathbb{N}}$ は点 $\mathrm{P} = (a, b)$ に収束することを示せ．

2.7　$\mathbb{R}^k$ の閉集合

導入 例題 2.13

$\mathbb{R}^2$ の部分集合 X に関して，次の条件 (C) を考える．

(C) 「$\mathbb{R}^2$ 内の点列 $(\mathrm{P}_n)_{n\in\mathbb{N}}$ であって，すべての自然数 n に対して $\mathrm{P}_n \in X$ であり，$(\mathrm{P}_n)_{n\in\mathbb{N}}$ が $\mathbb{R}^2$ 内のある点 P に収束するものを任意に選ぶ．このとき必ず $\mathrm{P} \in X$ となる．」

いま，$\mathbb{R}^2$ の部分集合 A, B を次のように定める．

$$A = \{(x,y) \in \mathbb{R}^2 \mid x \geq 0\}, \quad B = \{(x,y) \in \mathbb{R}^2 \mid x > 0\}.$$

集合 A, B のうち，どちらか一方は条件 (C) をみたさない．それはどちらか．ただし，もう一方の集合が条件 (C) をみたすことは示さなくてよい．

【解答】 集合 B は条件 (C) をみたさない．実際，点列 $(\mathrm{P}_n)_{n\in\mathbb{N}}$ をたとえば

$$\mathrm{P}_n = \left(\frac{1}{n}, 0\right) \quad (n \in \mathbb{N})$$

と定めると，各点 P_n は B 内にある．この点列は原点 $\mathrm{O} = (0,0)$ に収束するが，O は B に属さない（右図参照）． ■

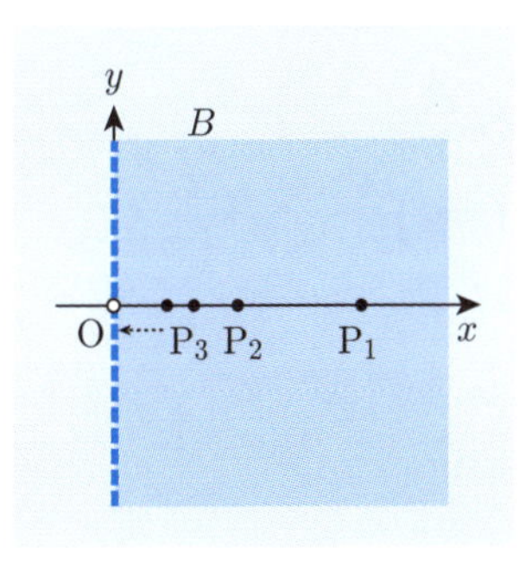

導入例題 2.13 の集合 A が条件 (C) をみたすことの証明は基本例題 2.10 で述べることにし，ここでは右図のようなヒントを出しておく．

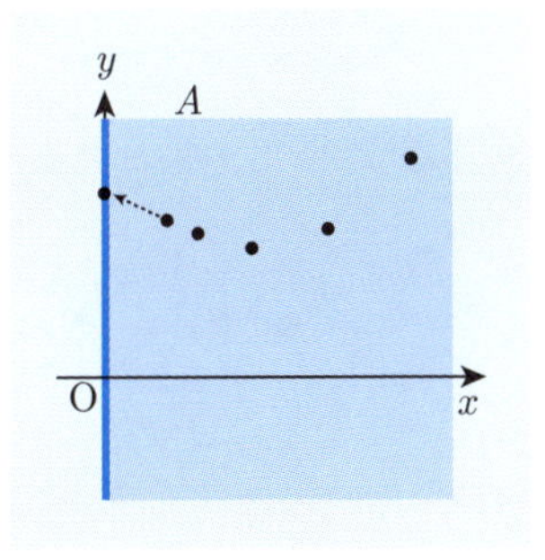

ここで，「閉集合」という概念を導入しよう．

定義 2.6　$\mathbb{R}^k$ の部分集合 X が導入例題 2.13 の条件 (C) をみたすとき，X は $\mathbb{R}^k$ の**閉集合**である（あるいは単に，閉集合である）という．便宜上，空集合 $\emptyset$ も閉集合であると定める．

確認 例題 2.6

次の 3 つの集合 A_1, A_2, A_3 のうち，1 つは $\mathbb{R}^2$ の閉集合でない．それはどれか．ただし，残りの 2 つの集合が $\mathbb{R}^2$ の閉集合であることは示さなくてよい．

$$A_1 = \{(x,y) \in \mathbb{R}^2 \mid x^2 + y^2 \leq 1\},$$
$$A_2 = \{(x,y) \in \mathbb{R}^2 \mid x^2 + y^2 < 1\},$$
$$A_3 = \{(x,y) \in \mathbb{R}^2 \mid y = 0\}.$$

【解答】　A_2 は閉集合でない．実際，A_2 内の点列 $(\mathrm{P}_n)_{n\in\mathbb{N}}$ を

$$\mathrm{P}_n = \left(1 - \frac{1}{n}, 0\right) \quad (n \in \mathbb{N})$$

と定めると，この点列は点 $\mathrm{P} = (1, 0)$ に収束するが，$\mathrm{P} \notin A_2$ である．■

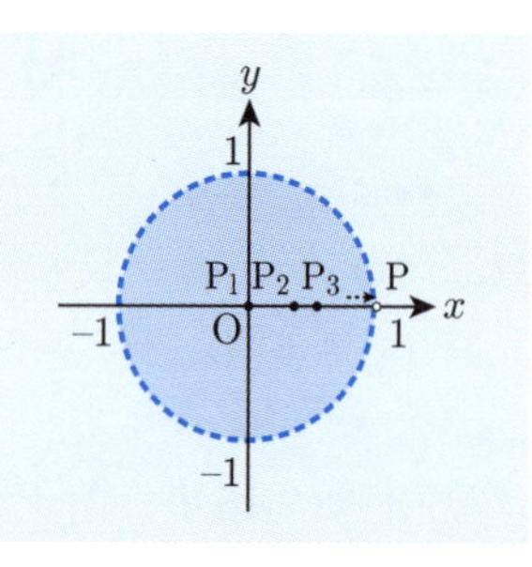

確認例題 2.6 の集合 A_1, A_3 は閉集合である（A_3 については，問 2.15 参照）．

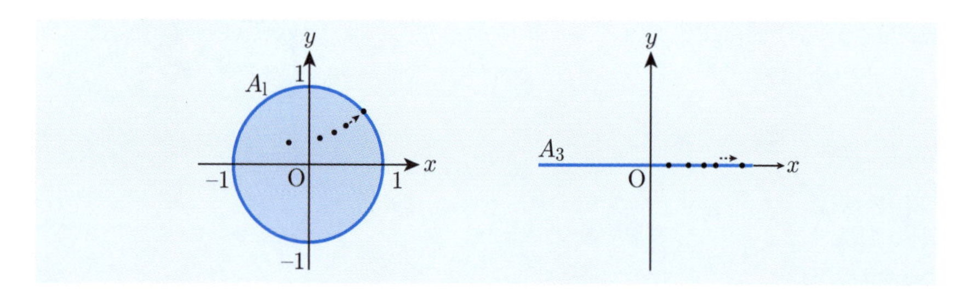

問 2.14 次の 2 つの集合 B_1, B_2 のうち，どちらか一方は $\mathbb{R}^2$ の閉集合でない．それはどちらか．ただし，もう一方の集合が $\mathbb{R}^2$ の閉集合であることは示さなくてよい．

$$B_1 = \mathbb{R}^2, \quad B_2 = \mathbb{R} \setminus \{(0,0)\}.$$

基本 例題 2.10

導入例題 2.13 の集合 A は $\mathbb{R}^2$ の閉集合であることを証明せよ．

【解答】 A 内の点列 $(\mathrm{P}_n)_{n\in\mathbb{N}}$ が

$$\mathrm{P}_n = (a_n, b_n) \quad (a_n, b_n \in \mathbb{R},\ n \in \mathbb{N})$$

によって与えられており，この点列が点 $\mathrm{P} = (a, b)$ に収束しているとする．このとき，数列 $(a_n)_{n\in\mathbb{N}}$ は a に収束する（基本例題 2.9 参照）．

いま，仮に $a < 0$ であるとして，矛盾を導く．正の実数 ε を

$$\varepsilon = |a|$$

と定める．このとき，すべての自然数 n に対して

$$a = -\varepsilon < 0 \leq a_n$$

が成り立つので，$|a_n - a| \geq \varepsilon$ となり，数列 $(a_n)_{n\in\mathbb{N}}$ が a に収束することに矛盾する．したがって，$a \geq 0$ である．これは

$$\mathrm{P} \in A$$

であることを意味する．よって，A は $\mathbb{R}^2$ の閉集合である． ■

問 2.15 確認例題 2.6 の集合 A_3 が $\mathbb{R}^2$ の閉集合であることを証明せよ．

$\mathbb{R}^k$ 内の点列 $(\mathrm{P}_n)_{n\in\mathbb{N}}$ が点 P に収束するとき，点 P を点列 $(\mathrm{P}_n)_{n\in\mathbb{N}}$ の**極限**とよび

$$\mathrm{P} = \lim_{n\to\infty} \mathrm{P}_n$$

と表す．

大まかにいえば，X が $\mathbb{R}^k$ の閉集合であるとは，「X 内の点列の極限が X に属する」ということである．「点列の極限をとるという操作に関して閉じている」といってもよい．

2.8 境界点と閉集合

$\mathbb{R}^k$ の部分集合 X が閉集合かどうかを調べるのに，定義 2.6 に照らして点列を調べるのは，手間がかかる．点列を使わない閉集合の定義を考えよう．

たとえば，導入例題 2.13 の集合 A, B は，y 軸が『境界』になっている．B が閉集合でないのは，境界上の点に向かって収束する B 内の点列が存在するのに，B はその境界上の点を含まないからだ，と考えてよいのではないか．

そこで，「内点」，「外点」，「境界点」などの概念を順次定義しよう．

定義 2.7　X は $\mathbb{R}^k$ の部分集合とし，$\mathrm{P} \in \mathbb{R}^k$ とする．

(1)　点 P が次の条件 (I) をみたすとき，P は X の**内点**であるという．

(I)「ある正の実数 δ が存在し，$d(\mathrm{Q},\mathrm{P}) < \delta$ をみたす $\mathbb{R}^k$ 内のすべての点 Q が X に属する．」

ここで，$d(\mathrm{Q},\mathrm{P})$ は点 Q と P の間の距離を表す．

(2)　X の補集合 $\mathbb{R}^k \setminus X$ の内点を X の**外点**という．

定義 2.8　$\mathrm{P} \in \mathbb{R}^k$ とし，δ は正の実数とするとき，$\mathbb{R}^k$ の部分集合

$$U_\delta(\mathrm{P}) = \{\mathrm{Q} \in \mathbb{R}^k \mid d(\mathrm{Q},\mathrm{P}) < \delta\}$$

を点 P の δ **近傍**とよぶ．

導入 例題 2.14

X は $\mathbb{R}^k$ の部分集合とし，$\mathrm{P} \in \mathbb{R}^k$ とする．

(1)　P が X の内点ならば，$\mathrm{P} \in X$ であることを示せ．

(2)　P が X の外点ならば，$\mathrm{P} \notin X$ であることを示せ．

(3)　正の実数 δ, δ' が $\delta < \delta'$ をみたすとする．このとき

$$U_\delta(\mathrm{P}) \subset U_{\delta'}(\mathrm{P})$$

が成り立つことを示せ．ここで，$U_\delta(\mathrm{P}), U_{\delta'}(\mathrm{P})$ は，それぞれ点 P の δ 近傍，δ' 近傍を表す．

(4)　P が X の内点であることは，「ある正の実数 δ が存在して

$$U_\delta(\mathrm{P}) \subset X$$

が成り立つ」ということと同値であることを示せ．

(5)　P が X の外点であることは，「ある正の実数 δ が存在して

$$U_\delta(\mathrm{P}) \cap X = \emptyset$$

が成り立つ」ということと同値であることを示せ．

【解答】　(1)　P が X の内点であるので，ある正の実数 δ が存在し，$d(\mathrm{Q}, \mathrm{P}) < \delta$ をみたす $\mathbb{R}^k$ 内のすべての点 Q は X に属する．特に，点 P は

$$d(\mathrm{P}, \mathrm{P}) = 0 < \delta$$

をみたすので，$\mathrm{P} \in X$ が成り立つ．

(2)　点 P は $\mathbb{R}^k \setminus X$ の内点であるので，小問 (1) より，$\mathrm{P} \in \mathbb{R}^k \setminus X$，すなわち，$\mathrm{P} \notin X$ となる．

(3)　点 $\mathrm{Q} \in U_\delta(\mathrm{P})$ を任意に選ぶと

$$d(\mathrm{Q}, \mathrm{P}) < \delta < \delta'$$

であるので，$\mathrm{Q} \in U_{\delta'}(\mathrm{P})$ となる．よって，$U_\delta(\mathrm{P}) \subset U_{\delta'}(\mathrm{P})$ が成り立つ．

(4)　「$d(\mathrm{Q}, \mathrm{P}) < \delta$ をみたすすべての点 Q が X に属する $\Leftrightarrow U_\delta(\mathrm{P}) \subset X$」が成り立つことよりしたがう．

(5) 小問 (4) より，P が X の外点であることは，ある正の実数 δ が存在して

$$U_\delta(\mathrm{P}) \subset \mathbb{R}^k \setminus X, \quad \text{すなわち}, \quad U_\delta(\mathrm{P}) \cap X = \emptyset$$

が成り立つことと同値である． ■

確認 例題 2.7

導入例題 2.13 の集合 A, B を考える．また

$$\mathrm{P}_1 = (1,0), \quad \mathrm{P}_2 = (-1,0), \quad \mathrm{P}_3 = (0,0)$$

とする．

(1) $\mathrm{P}_1, \mathrm{P}_2, \mathrm{P}_3$ が集合 A の内点であるか，外点であるか，それともどちらでもないかを，それぞれ判定せよ．

(2) $\mathrm{P}_1, \mathrm{P}_2, \mathrm{P}_3$ が集合 B の内点であるか，外点であるか，それともどちらでもないかを，それぞれ判定せよ．

【解答】 (1) P_1 は A の内点である．実際，$\delta = \dfrac{1}{2}$ とおけば

$$U_\delta(\mathrm{P}_1) \subset A$$

が成り立つ．P_2 は A の外点である．実際，$\delta = \dfrac{1}{2}$ とおけば

$$U_\delta(\mathrm{P}_2) \cap A = \emptyset$$

が成り立つ．P_3 は A の内点でも外点でもない．実際，正の実数 δ をどのように選んでも

$$U_\delta(\mathrm{P}_3) \not\subset A \quad \text{かつ} \quad U_\delta(\mathrm{P}_3) \cap A \neq \emptyset$$

となる．

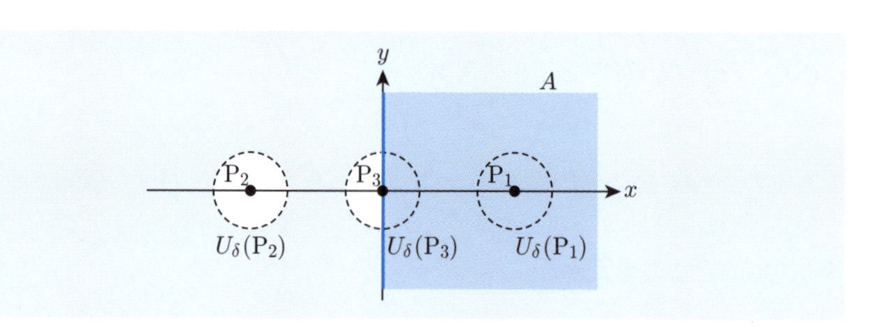

(2) $\delta = \dfrac{1}{2}$ とおけば

$$U_\delta(\mathrm{P}_1) \subset B, \quad U_\delta(\mathrm{P}_2) \cap B = \emptyset$$

が成り立つので，P_1 は B の内点であり，P_2 は B の外点である．また，正の実数 δ をどのように選んでも

$$U_\delta(\mathrm{P}_3) \not\subset B \quad \text{かつ} \quad U_\delta(\mathrm{P}_3) \cap B \neq \emptyset$$

となるので，P_3 は B の内点でも外点でもない．■

問 2.16 確認例題 2.6 の集合 A_1, A_2, A_3 を考える．また

$$\mathrm{Q}_1 = (0,0), \quad \mathrm{Q}_2 = (1,0)$$

とする．

(1) Q_1, Q_2 が集合 A_1 の内点であるか，外点であるか，それともどちらでもないかを，それぞれ判定せよ．

(2) Q_1, Q_2 が集合 A_2 の内点であるか，外点であるか，それともどちらでもないかを，それぞれ判定せよ．

(3) Q_1, Q_2 が集合 A_3 の内点であるか，外点であるか，それともどちらでもないかを，それぞれ判定せよ．

定義 2.9 X は $\mathbb{R}^k$ の部分集合とする．点 P が X の内点でも外点でもないとき，すなわち，次の条件 (B) が成り立つとき，P は X の**境界点**であるという．

(B) 「正の実数 δ をどのように選んでも

$$U_\delta(\mathrm{P}) \not\subset X \quad \text{かつ} \quad U_\delta(\mathrm{P}) \cap X \neq \emptyset$$

が成り立つ．」

今までの考察から，特に次のことがわかる．

Point　X は $\mathbb{R}^k$ の部分集合とし，$\mathrm{P} \in \mathbb{R}^k$ とする．

- P は X の内点，外点，境界点のいずれかである．
- P が X の内点ならば，$\mathrm{P} \in X$ である．
- P が X の外点ならば，$\mathrm{P} \notin X$ である．
- P が X の境界点のときは，$\mathrm{P} \in X$ となることも，$\mathrm{P} \notin X$ となることもある（確認例題 2.7，問 2.16 参照）．

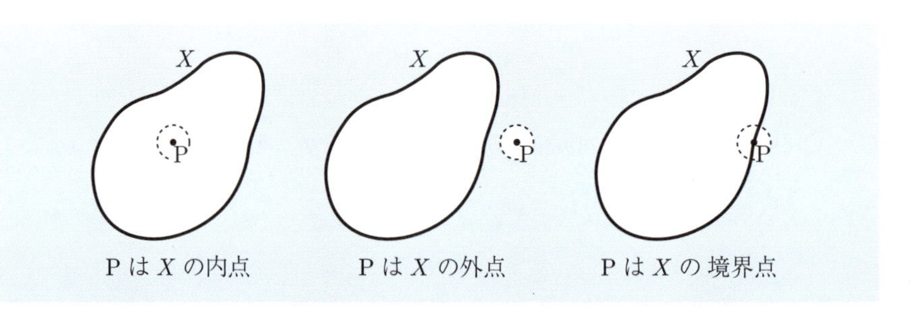

確認 例題 2.8

導入例題 2.13 の集合 A, B を考える．

(1)　集合 A の境界点をすべて求めよ．

(2)　集合 B の境界点をすべて求めよ．

【解答】　(1)　A の境界点は y 軸上の点すべてである．実際，$\mathrm{P} = (a, b)$ とするとき（$a \in \mathbb{R}, b \in \mathbb{R}$），$a > 0$ ならば，$\delta = \dfrac{a}{2}$ とおけば

$$U_\delta(\mathrm{P}) \subset X$$

となるので，P は A の内点である．$a < 0$ ならば，$\delta = \dfrac{|a|}{2}$ とおけば

$$U_\delta(\mathrm{P}) \cap X = \emptyset$$

となるので，P は A の外点である．$a = 0$ のとき，正の実数 δ をどのように選んでも

$$U_\delta(\mathrm{P}) \not\subset X \quad \text{かつ} \quad U_\delta(\mathrm{P}) \cap X \neq \emptyset$$

が成り立つので，P は A の境界点である．

(2)　B の境界点は y 軸上の点すべてである．小問 (1) と同じ理由による．

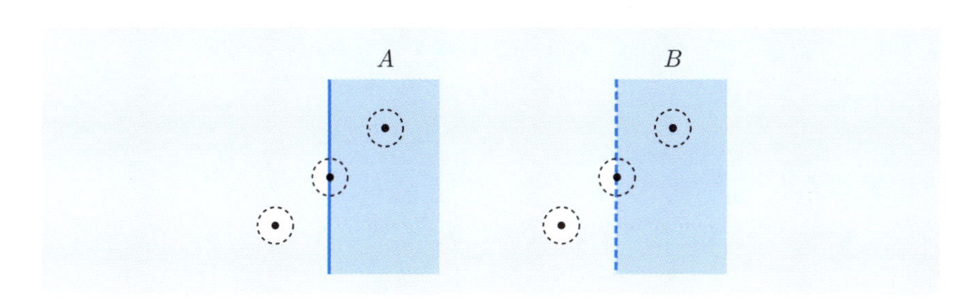

問 2.17　確認例題 2.6 の集合 A_1, A_2, A_3 を考える．

(1)　A_1 の境界点をすべて求めよ．

(2)　A_2 の境界点をすべて求めよ．

(3)　A_3 の境界点をすべて求めよ．

ここで，$\mathbb{R}^k$ の閉集合について，もう 1 度考えてみよう．

基本 例題 2.11

$\mathbb{R}^k$ の部分集合 X に関する次の条件 (a), (b) を考える．

(1)　X は $\mathbb{R}^k$ の閉集合である（定義 2.6 参照）．

(2)　X はその境界点をすべて含む．

次の手順にしたがって，「(a) ⇒ (b)」が成り立つことを示せ．

(1)　点 P は X の境界点とする．このとき，各自然数 n に対して，「$\mathrm{P}_n \in X$ かつ $d(\mathrm{P}_n, \mathrm{P}) < \dfrac{1}{n}$」をみたす点 P_n が存在することを示せ．

(2)　小問 (1) の点 P_n を並べた点列 $(\mathrm{P}_n)_{n\in\mathbb{N}}$ は点 P に収束することを示せ．

(3)　「(a) ⇒ (b)」が成り立つことを示せ．

【解答】 (1)　点 P は X の境界点であるので，正の実数 δ をどのように選んでも，$U_\delta(\mathrm{P}) \cap X \neq \emptyset$ が成り立つ．特に $\delta = \dfrac{1}{n}$ とすれば

$$U_{\frac{1}{n}}(\mathrm{P}) \cap X \neq \emptyset$$

となる．したがって，集合 $U_{\frac{1}{n}}(\mathrm{P}) \cap X$ に属する点 P_n を選べば

$$\mathrm{P}_n \in X \quad \text{かつ} \quad d(\mathrm{P}_n, \mathrm{P}) < \frac{1}{n}$$

が成り立つ．

(2)　正の実数 ε を任意に選ぶ．このとき，自然数 N を

$$N > \frac{1}{\varepsilon}$$

をみたすように選べば，$n \geq N$ をみたすすべての自然数 n に対して

$$d(\mathrm{P}_n, \mathrm{P}) < \frac{1}{n} \leq \frac{1}{N} < \varepsilon$$

が成り立つ．よって，点列 $(\mathrm{P}_n)_{n\in\mathbb{N}}$ は点 P に収束する．

(3)　条件 (a) を仮定する．X の任意の境界点 P に対して，小問 (1), (2) のように点列 $(\mathrm{P}_n)_{n\in\mathbb{N}}$ を作れば，この点列は P に収束する．このとき，条件 (a) より，$\mathrm{P} \in X$ である．よって，X はその境界点をすべて含む．■

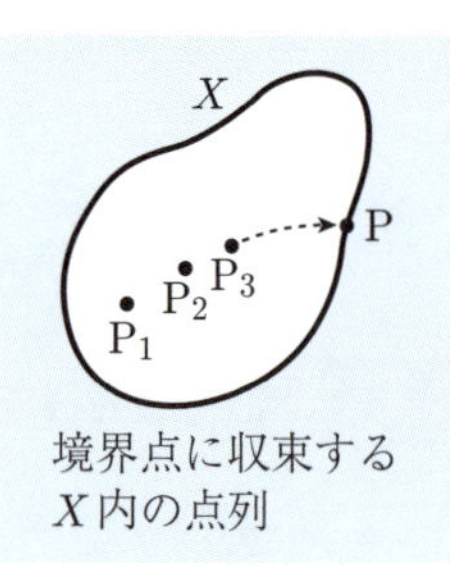

境界点に収束する X 内の点列

基本 例題 2.12

$\mathbb{R}^k$ の部分集合 X に関して，基本例題 2.11 の条件 (a), (b) を考える．

(1)　点列 $(\mathrm{Q}_n)_{n\in\mathbb{N}}$ は点 Q に収束するとする．すべての自然数 n に対して $\mathrm{Q}_n \in X$ であるとき，Q は X の外点ではないことを示せ．

(2)　「(b) $\Rightarrow$ (a)」が成り立つことを示せ．

【解答】 (1)　Q が X の外点ならば，ある正の実数 δ が存在して

$$U_\delta(\mathrm{Q}) \cap X = \emptyset$$

となる．したがって，X に属する任意の点 P に対して，$d(\mathrm{P},\mathrm{Q}) \geq \delta$ が成り立つ．特に，任意の自然数 n に対して

$$d(\mathrm{Q}_n, \mathrm{Q}) \geq \delta$$

となる．これは，点列 $(\mathrm{Q}_n)_{n\in\mathbb{N}}$ が点 Q に収束することに矛盾する．よって，Q は X の外点ではない．

(2)　条件 (b) を仮定する．X 内の点列 $(\mathrm{Q}_n)_{n\in\mathbb{N}}$ であって，$\mathbb{R}^k$ 内の点 Q に収束するものを任意に選ぶ．このとき，小問 (1) より，Q は X の外点ではないので，内点または境界点である．Q が X の内点ならば，$\mathrm{Q} \in X$ である（導入例題 2.14 (1)）．Q が X の境界点ならば，条件 (b) より，$\mathrm{Q} \in X$ が成り立つ．いずれにせよ，$\mathrm{Q} \in X$ となるので，X は閉集合である．■

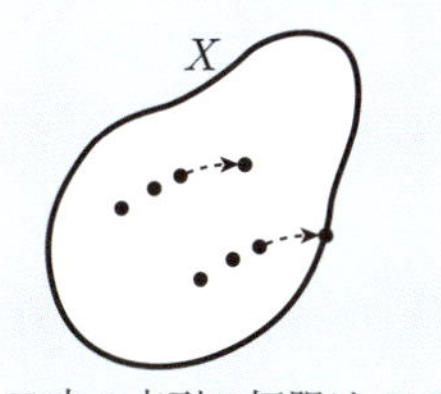

X 内の点列の極限は X の内点または境界点である．

基本例題 2.11 と基本例題 2.12 によれば，基本例題 2.11 の条件 (a) と条件 (b) は同値である．したがって，次のような閉集合の定義も可能である．

定義 2.10　X は $\mathbb{R}^k$ の部分集合とする．X が $\mathbb{R}^k$ の**閉集合**であるとは，X がその境界点をすべて含むことをいう．便宜上，空集合も $\mathbb{R}^k$ の閉集合と定める．

確認 例題 2.9

定義 2.10 に照らして，導入例題 2.13 の集合 A, B が $\mathbb{R}^2$ の閉集合であるかどうかを判定せよ．

【解答】　確認例題 2.8 により，A, B の境界点は，どちらも y 軸上の点すべてである．A は y 軸を含むので，$\mathbb{R}^2$ の閉集合である．B は y 軸を含まないので，閉集合ではない．■

問 2.18 定義 2.10 に照らして，確認例題 2.6 の集合 A_1, A_2, A_3 が $\mathbb{R}^2$ の閉集合であるかどうかを判定せよ．

2.9 $\mathbb{R}^k$ の開集合

ここでは，「$\mathbb{R}^k$ の開集合」というものを定義する．これは，「閉集合」と対をなす非常に重要な概念である．

導入 例題 2.15

$\mathbb{R}^k$ の部分集合 X について，次の 5 個の条件はすべて同値であることを示せ．

(i) X に属する任意の点 P に対して，その P に応じて，正の実数 δ が存在し，$d(\mathrm{Q},\mathrm{P}) < \delta$ をみたす $\mathbb{R}^k$ 内のすべての点 Q は X に属する．

(ii) X に属する任意の点 P に対して，その P に応じて，正の実数 δ が存在し

$$U_\delta(\mathrm{P}) \subset X$$

が成り立つ．

(iii) X に属する点はすべて X の内点である．

(iv) X は境界点を全く含まない．

(v) 補集合 X^c $(= \mathbb{R}^k \setminus X)$ は $\mathbb{R}^k$ の閉集合である．

【解答】 条件 (i), (ii), (iii) は，同じ内容をいい換えたにすぎないので，互いに同値である（定義 2.7 (1), 導入例題 2.14 (4) 参照）．

(iii) ⇔ (iv) X の外点は X に属さないので，X に属する点は内点もしくは境界点である．したがって，X に属する点がすべて内点であることと，X が境界点を全く含まないことは同値である．

(iv) ⇔ (v) X の外点は X^c の内点である（定義 2.7 (2)）．また，X の内点は X^c の外点であり，X の境界点は X^c の境界点である．したがって，X が境界点を全く含まないことは，X^c が境界点をすべて含むことと同値であり，それは，X^c が $\mathbb{R}^k$ の閉集合であることと同値である． ■

定義 2.11 $\mathbb{R}^k$ の部分集合 X が導入例題 2.15 の同値な条件 (i) から (v) までのうちのどれかをみたすとき，X は $\mathbb{R}^k$ の**開集合**であるという．便宜上，空集合 $\emptyset$ も $\mathbb{R}^k$ の開集合であると定める．

確認 例題 2.10

導入例題 2.13 の集合 B に属する任意の点が B の内点であることを示すことにより，B が $\mathbb{R}^2$ の開集合であることを示せ．

【解答】 集合 B に属する点 $\mathrm{P} = (a, b)$ を任意にとる．このとき，$a > 0$ である．正の実数 δ を $\delta < a$ が成り立つように選ぶと

$$U_\delta(\mathrm{P}) \subset B$$

となるので，P は B の内点である．B に属する任意の点が B の内点であるので，B は $\mathbb{R}^2$ の開集合である．■

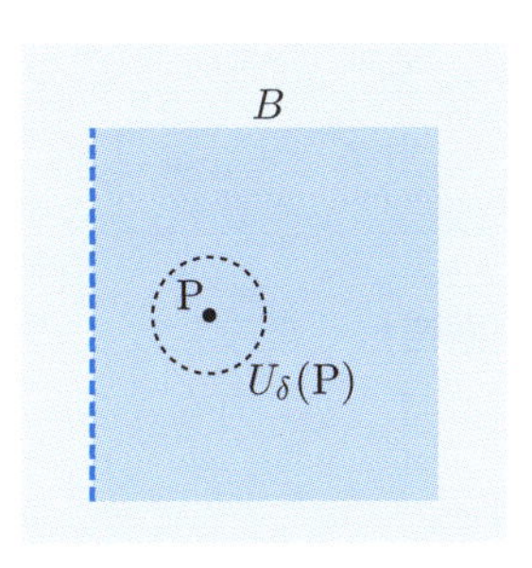

問 2.19 確認例題 2.6 の集合 A_2 は $\mathbb{R}^2$ の開集合であることを示せ．

ちょっと寄り道 私たちは，まわりがパノラマのように 360 度広がっている景色を見て，「ひらけている」などという．確認例題 2.6 の集合 A_2 に属する点 P を考えよう．点 P から見た A_2 の景色は「ひらけている」．

$$U_\delta(\mathrm{P}) \subset A_2$$

となる正の実数 δ が存在するからである．

大まかにいえば，「ひらけた集合」を開集合とよぶのである．

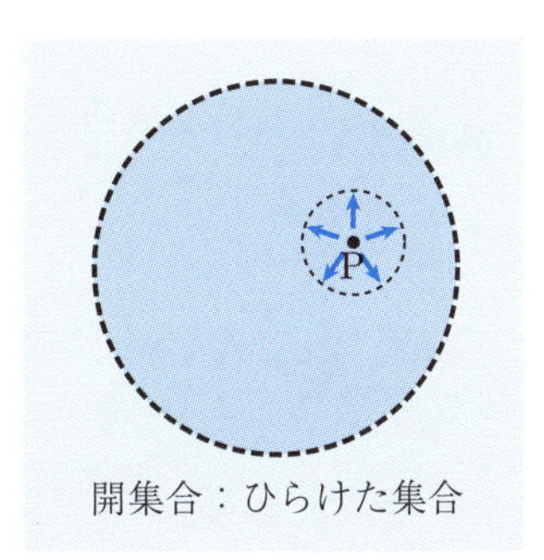

開集合：ひらけた集合

開集合については，次のポイントをおさえておこう．

Point

- X が $\mathbb{R}^k$ の開集合である $\Leftrightarrow$ X に属するすべての点が X の内点である.
- 開集合の補集合は閉集合である.
- 閉集合の補集合は開集合である.

2.10 連続写像

$k, l \in \mathbb{N}$ とし，写像 $f\colon \mathbb{R}^k \to \mathbb{R}^l$ を考える.

導入 例題 2.16

$\mathrm{P} \in \mathbb{R}^k$ とするとき,「写像 $f\colon \mathbb{R}^k \to \mathbb{R}^l$ が点 P において連続である」ということを定義 2.4 にならって定義せよ.

【解答】「正の実数 ε を任意に与えたとき，その ε に応じて，ある正の実数 δ が存在し，$d(\mathrm{Q}, \mathrm{P}) < \delta$ をみたすすべての点 $\mathrm{Q} \in \mathbb{R}^k$ に対して $d'\big(f(\mathrm{Q}), f(\mathrm{P})\big) < \varepsilon$ が成り立つ」ということを定義とすればよい．ここで，d は $\mathbb{R}^k$ における距離を表し，d' は $\mathbb{R}^l$ における距離を表す. ■

あらためて，次の定義を述べよう.

定義 2.12 $k, l \in \mathbb{N}$ とし，写像 $f\colon \mathbb{R}^k \to \mathbb{R}^l$ を考える.

(1) $\mathrm{P} \in \mathbb{R}^k$ とする．写像 f が点 P において**連続**であるとは，正の実数 ε を任意に与えたとき，その ε に応じて，ある正の実数 δ が存在し，$d(\mathrm{Q}, \mathrm{P}) < \delta$ をみたすすべての点 $\mathrm{Q} \in \mathbb{R}^k$ に対して $d'\big(f(\mathrm{Q}), f(\mathrm{P})\big) < \varepsilon$ が成り立つことをいう．ここで，d は $\mathbb{R}^k$ における距離を表し，d' は $\mathbb{R}^l$ における距離を表す.

(2) 任意の点 $\mathrm{P} \in \mathbb{R}^k$ において写像 f が連続であるとき，f は**連続写像**である（**連続**である）という.

(3) 連続写像 $f\colon \mathbb{R}^k \to \mathbb{R}$ を特に**連続関数**とよぶ.

確認 例題 2.11

(1) 写像 $f_1\colon \mathbb{R}^2 \to \mathbb{R}$ を

$$f_1(x,y) = x \quad \bigl((x,y) \in \mathbb{R}^2\bigr)$$

によって定める．f_1 は連続関数であることを示せ．

(2) 写像 $f_2\colon \mathbb{R}^2 \to \mathbb{R}$ を

$$f_2(x,y) = x + y \quad \bigl((x,y) \in \mathbb{R}^2\bigr)$$

によって定める．f_2 は連続関数であることを示せ．

(3) 写像 $f\colon \mathbb{R}^2 \to \mathbb{R}^2$ を

$$f(x,y) = \bigl(f_1(x,y), f_2(x,y)\bigr) = (x, x+y) \quad \bigl((x,y) \in \mathbb{R}^2\bigr)$$

によって定める．f は連続写像であることを示せ．

【解答】 $\mathbb{R}^2$ における距離を d，$\mathbb{R}$ における距離を d' で表すことにする．

(1) 点 $\mathrm{P} = (a,b) \in \mathbb{R}^2$ を任意にとる．正の実数 ε を任意に選ぶ．この ε に対して，正の実数 δ を

$$\delta = \varepsilon$$

と定める．点 $\mathrm{Q} = (x,y) \in \mathbb{R}^2$ が $d(\mathrm{Q},\mathrm{P}) < \delta$ をみたすとすると

$$d'\bigl(f_1(\mathrm{Q}), f_1(\mathrm{P})\bigr) = |x-a| \leq \sqrt{(x-a)^2 + (y-b)^2} = d(\mathrm{Q},\mathrm{P}) < \delta = \varepsilon$$

が成り立つ．よって，f_1 は点 P において連続である．点 P は任意であるので，f_1 は連続関数である．

(2) 点 $\mathrm{P} = (a,b) \in \mathbb{R}^2$，正の実数 ε を任意に選び，正の実数 δ を

$$\delta = \frac{\varepsilon}{2}$$

と定める．点 $\mathrm{Q} = (x,y) \in \mathbb{R}^2$ が $d(\mathrm{Q},\mathrm{P}) < \delta$ をみたすとすると，小問 (1) と同様にして

$$|x-a| < \frac{\varepsilon}{2}, \quad |y-b| < \frac{\varepsilon}{2}$$

が成り立つことが示される．このとき

$$\begin{aligned} d'\bigl(f_2(\mathrm{Q}), f_2(\mathrm{P})\bigr) &= |(x+y) - (a+b)| = |(x-a) + (y-b)| \\ &\leq |x-a| + |y-b| < 2\delta = \varepsilon \end{aligned}$$

となるので，f_2 は点 P において連続である．点 P は任意であるので，f_2 は連続関数である．

(3)　点 $\mathrm{P} = (a, b) \in \mathbb{R}^2$，正の実数 ε を任意に選び

$$\varepsilon' = \frac{\varepsilon}{\sqrt{2}}$$

とおく．小問 (1) より，f_1 は連続であるので，ある正の実数 δ_1 が存在して，$d(\mathrm{Q}, \mathrm{P}) < \delta_1$ をみたすすべての点 $\mathrm{Q} \in \mathbb{R}^2$ に対して

$$d'\bigl(f_1(\mathrm{Q}), f_1(\mathrm{P})\bigr) = |f_1(\mathrm{Q}) - f_1(\mathrm{P})| < \varepsilon'$$

が成り立つ．同様に，小問 (2) より，f_2 は連続であるので，ある正の実数 δ_2 が存在して，$d(\mathrm{Q}, \mathrm{P}) < \delta_2$ をみたすすべての点 $\mathrm{Q} \in \mathbb{R}^2$ に対して

$$d'\bigl(f_2(\mathrm{Q}), f_2(\mathrm{P})\bigr) = |f_2(\mathrm{Q}) - f_2(\mathrm{P})| < \varepsilon'$$

が成り立つ．ここで，$\delta = \min\{\delta_1, \delta_2\}$（$\delta_1$ と δ_2 のうちの小さいほう）とおけば，$d(\mathrm{Q}, \mathrm{P}) < \delta$ をみたすすべての点 $\mathrm{Q} \in \mathbb{R}^2$ に対して

$$\begin{aligned}
&d\bigl(f(\mathrm{Q}), f(\mathrm{P})\bigr) \\
&= \sqrt{\bigl(f_1(\mathrm{Q}) - f_1(\mathrm{P})\bigr)^2 + \bigl(f_2(\mathrm{Q}) - f_2(\mathrm{P})\bigr)^2} \\
&< \sqrt{\varepsilon'^2 + \varepsilon'^2} \\
&= \sqrt{\frac{\varepsilon^2}{2} + \frac{\varepsilon^2}{2}} = \varepsilon
\end{aligned}$$

が成り立つ．よって，写像 f は点 P において連続である．点 P は任意であるので，f は連続写像である．■

確認例題 2.11 (3) の解答をヒントにして，基本例題 2.13 を解いてみよう．

基本 例題 2.13

$k \in \mathbb{N}$ とする．2 つの写像 $f_1 \colon \mathbb{R}^k \to \mathbb{R}$, $f_2 \colon \mathbb{R}^k \to \mathbb{R}$ に対して，写像 $f \colon \mathbb{R}^k \to \mathbb{R}^2$ を次のように定める．

$$f(\mathrm{Q}) = \bigl(f_1(\mathrm{Q}), f_2(\mathrm{Q})\bigr) \quad (\mathrm{Q} \in \mathbb{R}^k).$$

(1) f_1, f_2 が連続関数ならば，f は連続写像であることを示せ．

(2) f が連続写像ならば，f_1, f_2 は連続関数であることを示せ．

【解答】 $\mathbb{R}^k$ における距離を d，$\mathbb{R}$ における距離を d'，$\mathbb{R}^2$ における距離を d'' で表すことにする．

(1) $\mathbb{R}^k$ の点 P，正の実数 ε を任意に選び

$$\varepsilon' = \frac{\varepsilon}{\sqrt{2}}$$

とおく．仮定より，f_1 は連続であるので，ある正の実数 δ_1 が存在して，$d(\mathrm{Q}, \mathrm{P}) < \delta_1$ をみたすすべての点 $\mathrm{Q} \in \mathbb{R}^k$ に対して

$$d'\bigl(f_1(\mathrm{Q}), f_1(\mathrm{P})\bigr) = |f_1(\mathrm{Q}) - f_1(\mathrm{P})| < \varepsilon'$$

が成り立つ．同様に，f_2 は連続であるので，ある正の実数 δ_2 が存在して，$d(\mathrm{Q}, \mathrm{P}) < \delta_2$ をみたすすべての点 $\mathrm{Q} \in \mathbb{R}^k$ に対して

$$d'\bigl(f_2(\mathrm{Q}), f_2(\mathrm{P})\bigr) = |f_2(\mathrm{Q}) - f_2(\mathrm{P})| < \varepsilon'$$

が成り立つ．$\delta = \min\{\delta_1, \delta_2\}$ とおけば，$d(\mathrm{Q}, \mathrm{P}) < \delta$ をみたすすべての点 $\mathrm{Q} \in \mathbb{R}^k$ に対して

$$\begin{aligned} & d''\bigl(f(\mathrm{Q}), f(\mathrm{P})\bigr) \\ &= \sqrt{\bigl(f_1(\mathrm{Q}) - f_1(\mathrm{P})\bigr)^2 + \bigl(f_2(\mathrm{Q}) - f_2(\mathrm{P})\bigr)^2} \\ &< \sqrt{\varepsilon'^2 + \varepsilon'^2} \\ &= \sqrt{\frac{\varepsilon^2}{2} + \frac{\varepsilon^2}{2}} = \varepsilon \end{aligned}$$

が成り立つ．よって，f は連続である．

(2)　点 $\mathrm{P} \in \mathbb{R}^k$，正の実数 ε を任意に選ぶ．f は連続であるので，ある正の実数 δ が存在して，$d(\mathrm{Q}, \mathrm{P}) < \delta$ をみたすすべての点 $\mathrm{Q} \in \mathbb{R}^k$ に対して

$$d''\bigl(f(\mathrm{Q}), f(\mathrm{P})\bigr) < \varepsilon$$

が成り立つ．このとき

$$\begin{aligned}
&d'\bigl(f_1(\mathrm{Q}), f_1(\mathrm{P})\bigr) \\
&= |f_1(\mathrm{Q}) - f_1(\mathrm{P})| \\
&\leq \sqrt{\bigl(f_1(\mathrm{Q}) - f_1(\mathrm{P})\bigr)^2 + \bigl(f_2(\mathrm{Q}) - f_2(\mathrm{P})\bigr)^2} \\
&= d''\bigl(f(\mathrm{Q}), f(\mathrm{P})\bigr) < \varepsilon
\end{aligned}$$

が得られるので，f_1 は連続である．同様に

$$d'\bigl(f_2(\mathrm{Q}), f_2(\mathrm{P})\bigr) \leq d''\bigl(f(\mathrm{Q}), f(\mathrm{P})\bigr) < \varepsilon$$

であるので，f_2 も連続である．■

基本例題 2.13 を一般化すると，次のようなことがわかる．

Point　$k, l \in \mathbb{N}$ とする．l 個の関数 $f_i\colon \mathbb{R}^k \to \mathbb{R}$（$1 \leq i \leq l$）が与えられているとし，写像 $f\colon \mathbb{R}^k \to \mathbb{R}^l$ を

$$f(\mathrm{P}) = \bigl(f_1(\mathrm{P}), f_2(\mathrm{P}), \ldots, f_l(\mathrm{P})\bigr) \quad (\mathrm{P} \in \mathbb{R}^k)$$

によって定める．このとき，次の 2 つの条件 (a), (b) は同値である．

(a)　f は連続写像である．

(b)　各 f_i は連続関数である（$1 \leq i \leq l$）．

問 2.20　$k, l, m \in \mathbb{N}$ とする．写像 $f\colon \mathbb{R}^k \to \mathbb{R}^l$ は点 $\mathrm{P} \in \mathbb{R}^k$ において連続であり，写像 $g\colon \mathbb{R}^l \to \mathbb{R}^m$ は点 $f(\mathrm{P}) \in \mathbb{R}^l$ において連続であるとする．このとき，合成写像 $g \circ f\colon \mathbb{R}^k \to \mathbb{R}^m$ は点 P において連続であることを示せ．

基本 例題 2.14

$k, l \in \mathbb{N}$ とし，写像 $f\colon \mathbb{R}^k \to \mathbb{R}^l$ を考える．$\mathrm{P} \in \mathbb{R}^k$ とする．このとき，次の 2 つの条件 (a), (b) は同値であることを示せ．

(a)　f は点 P において連続である．

(b)　正の実数 ε を任意に与えたとき，その ε に応じて，ある正の実数 δ が存在し

$$f\bigl(U_\delta(\mathrm{P})\bigr) \subset U'_\varepsilon\bigl(f(\mathrm{P})\bigr)$$

が成り立つ．ここで，$U_\delta(\mathrm{P})$ は点 P の $\mathbb{R}^k$ における δ 近傍を表し，$U'_\varepsilon\bigl(f(\mathrm{P})\bigr)$ は点 $f(\mathrm{P})$ の $\mathbb{R}^l$ における ε 近傍を表す．

【解答】　次のことよりしたがう．

$$f\bigl(U_\delta(\mathrm{P})\bigr) \subset U'_\varepsilon\bigl(f(\mathrm{P})\bigr)$$

$\Leftrightarrow U_\delta(\mathrm{P})$ に属するすべての点 $\mathrm{Q} \in \mathbb{R}^k$ に対して $f(\mathrm{Q}) \in U'_\varepsilon\bigl(f(\mathrm{P})\bigr)$

$\Leftrightarrow d(\mathrm{Q}, \mathrm{P}) < \delta$ をみたすすべての点 $\mathrm{Q} \in \mathbb{R}^k$ に対して $d'\bigl(f(\mathrm{Q}), f(\mathrm{P})\bigr) < \varepsilon$.

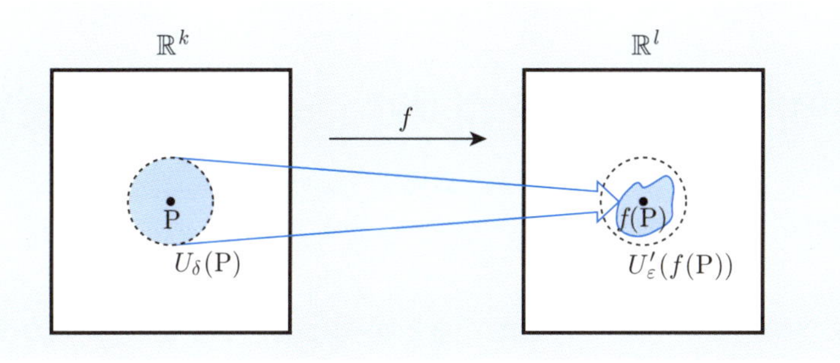

■

第2章 演習問題

2.1 $\mathbb{R}$ の部分集合 X を

$$X = \{a + b\sqrt{2} \mid a, b \in \mathbb{Q}\}$$

と定める.

(1) 写像 $f\colon \mathbb{Q} \times \mathbb{Q} \to X$ を

$$f\colon (a, b) \mapsto a + b\sqrt{2} \quad (a, b \in \mathbb{Q})$$

により定める. このとき, f は全単射であることを示せ. ただし, $\sqrt{2}$ が無理数であることは証明なしに用いてよい.

(2) X は可算集合であることを示せ.

(3) $a + b\sqrt{2}$ $(a, b \in \mathbb{Q})$ という形に表すことができない実数が存在することを示せ.

2.2 数列 $(a_n)_{n\in\mathbb{N}}$ は a に収束し, 数列 $(b_n)_{n\in\mathbb{N}}$ は b に収束するとする.

(1) 数列 $(c_n)_{n\in\mathbb{N}}$ を

$$c_n = a_n + b_n \quad (n \in \mathbb{N})$$

によって定める. このとき, この数列 $(c_n)_{n\in\mathbb{N}}$ は $a + b$ に収束することを示せ.

(2) 数列 $(d_n)_{n\in\mathbb{N}}$ を

$$d_n = a_n b_n \quad (n \in \mathbb{N})$$

によって定める. このとき, この数列 $(d_n)_{n\in\mathbb{N}}$ は ab に収束することを示せ.

2.3 関数 $f\colon \mathbb{R} \to \mathbb{R}$, $g\colon \mathbb{R} \to \mathbb{R}$ はいずれも連続であるとする.

(1) 関数 $h\colon \mathbb{R} \to \mathbb{R}$ を

$$h(x) = f(x) + g(x) \quad (x \in \mathbb{R})$$

によって定める. このとき, 関数 h は連続であることを示せ.

(2) 関数 $\varphi\colon \mathbb{R} \to \mathbb{R}$ を

$$\varphi(x) = f(x)g(x) \quad (x \in \mathbb{R})$$

によって定める. このとき, 関数 φ は連続であることを示せ.

第3章 距離空間と位相空間

この章では，まず，「距離」を一般的にとらえた「距離空間」という概念について説明する．そののち，「近傍」や「開集合」という概念をもとにして，「位相空間」という概念にたどり着く．

3.1 距離空間

第2章では，2点 $\mathrm{P}, \mathrm{Q} \in \mathbb{R}^k$ の間の距離 $d(\mathrm{P}, \mathrm{Q})$ を定義した．ここでは，「距離」という概念をもう少し広くとらえてみたい．

そもそも，何のために距離というものを考えるのだろうか？　それは，2つのものが近いのか遠いのかを判別する指標がほしいからである．そのような指標を必要とする状況はさまざまである．

導入 例題 3.1

電子的なデータは，原理的には0と1からなるいくつかの数字の列として表される．ある記憶媒体（たとえばCDなど）のある箇所に

$$0, 1, 0, 1, 1, 1, 0, 1$$

という8個の数字の列が記憶されていたとする．それを読み取る際にエラーが生じて，読み取り結果が次のようになったとしよう．

$$0, 1, 1, 1, 1, 0, 0, 1$$

3番目のデータ「0」と6番目のデータ「1」が誤って読み取られ，それぞれ「1」,「0」となっている．

こうした「データの読み誤り」の程度をはかる指標を作ってみよう．

(1) $X = \{0, 1\}$ とする．$N \in \mathbb{N}$ とし，$Y = X^N$ とする．このとき，Y は「0と1からなる N 個の数字の列からなるデータ全体の集合」とみることができることを説明せよ．

(2) 2つのデータ $\alpha = (a_1, a_2, \ldots, a_N)$, $\beta = (b_1, b_2, \ldots, b_N) \in Y$ に対して，集合 $\{1, 2, \ldots, N\}$ の部分集合 $D(\alpha, \beta)$ を次のように定める．

$$D(\alpha, \beta) = \{i \in \mathbb{N} \mid 1 \leq i \leq N,\ a_i \neq b_i\}.$$

さらに，0以上の整数 $d(\alpha, \beta)$ を

$$d(\alpha, \beta) = \#\bigl(D(\alpha, \beta)\bigr) = \#\{i \in \mathbb{N} \mid 1 \leq i \leq N,\ a_i \neq b_i\}$$

と定める．この $d(\alpha, \beta)$ の意味を，数式によらない言葉を用いて説明せよ．

(3) $N = 8$ とし

$$\alpha = (0, 1, 0, 1, 1, 1, 0, 1), \quad \beta = (0, 1, 1, 1, 1, 0, 0, 1)$$

とするとき，$d(\alpha, \beta)$ は何か？

(4) $\alpha, \beta, \gamma \in Y$ とする．このとき，$i \in \{1, 2, \ldots, N\}$ に対して

$$i \in D(\alpha, \gamma) \text{ ならば「} i \in D(\alpha, \beta) \text{ または } D(\beta, \gamma) \text{」}$$

が成り立つことを示すことにより

$$D(\alpha, \gamma) \subset D(\alpha, \beta) \cup D(\beta, \gamma)$$

を示せ．

(5) $\alpha, \beta, \gamma \in Y$ とするとき，次のことを示せ．

(a) $d(\alpha, \beta) \geq 0$ である．また，「$d(\alpha, \beta) = 0 \Leftrightarrow \alpha = \beta$」が成り立つ．

(b) $d(\beta, \alpha) = d(\alpha, \beta)$ が成り立つ．

(c) $d(\alpha, \gamma) \leq d(\alpha, \beta) + d(\beta, \gamma)$ が成り立つ．

【解答】 (1) 0と1からなる N 個の数字のデータ

$$a_1, a_2, \ldots, a_N$$

に対して

$$\alpha = (a_1, a_2, \ldots, a_N) \in Y = X^N$$

を対応させて考えればよい．

(2) $d(\alpha, \beta)$ は，2つのデータ α, β を比べたときに，数字が食い違っている箇所の総数を表している．

(3) 2つのデータ α と β において，数字が食い違っている箇所は3番目と6番目の2箇所であるので，$d(\alpha,\beta)=2$ である．

(4) $\alpha=(a_1,a_2,\ldots,a_N)$, $\beta=(b_1,b_2,\ldots,b_N)$, $\gamma=(c_1,c_2,\ldots,c_N)$ とする．このとき，$i\in\{1,2,\ldots,N\}$ に対して

$$「a_i=b_i \text{ かつ } b_i=c_i」\text{ ならば } a_i=c_i$$

が成り立つ．このことの対偶をとれば

$$a_i\neq c_i \text{ ならば }「a_i\neq b_i \text{ または } b_i\neq c_i」$$

となる．いい換えれば，次のことが得られる．

$$i\in D(\alpha,\gamma) \text{ ならば }「i\in D(\alpha,\beta) \text{ または } i\in D(\beta,\gamma)」.$$

したがって

$$D(\alpha,\gamma)\subset D(\alpha,\beta)\cup D(\beta,\gamma)$$

が成り立つ．

(5) (a) $d(\alpha,\beta)\geq 0$ であることは定義よりしたがう．$\alpha=\beta$ ならば，2つのデータ α と β には食い違いがないので，$d(\alpha,\beta)=0$ である．逆に，$d(\alpha,\beta)=0$ ならば，α と β に食い違う箇所が存在しないので，$\alpha=\beta$ である．

(b) $d(\alpha,\beta)$ の定義より，α と β をとりかえても値が変わらない．

(c) 小問(4)の結果を用いれば

$$\begin{aligned} d(\alpha,\gamma)&=\#\bigl(D(\alpha,\gamma)\bigr)\leq\#\bigl(D(\alpha,\beta)\cup D(\beta,\gamma)\bigr)\\ &\leq\#\bigl(D(\alpha,\beta)\bigr)+\#\bigl(D(\beta,\gamma)\bigr)=d(\alpha,\beta)+d(\beta,\gamma)\end{aligned}$$

が得られる． ■

導入例題3.1 (5) (c) の式は，$\mathbb{R}^k$ における距離に関する三角不等式と同じ形をしていることに注意しよう．導入例題3.1の $d(\alpha,\beta)$ は，ある意味で，データ α とデータ β の間の「距離」を表していると考えられる．

定義 3.1 X は空集合でない集合とする．X に属する2つの元 x, y に対して実数 $d(x,y)$ が対応しており，次の3つの性質が成り立つとき，X は**距離空間**であるという．

(D1) 任意の $x, y \in X$ に対して，$d(x, y) \geq 0$ である．さらに

$$d(x, y) = 0 \Leftrightarrow x = y$$

が成り立つ．

(D2) 任意の $x, y \in X$ に対して，$d(y, x) = d(x, y)$ が成り立つ．

(D3) 任意の $x, y, z \in X$ に対して

$$d(x, z) \leq d(x, y) + d(y, z)$$

が成り立つ．

たとえば，導入例題 3.1 の集合 Y は距離空間である．

X が距離空間のとき，X の元は X の点とよばれる．X を「空間」とよぶことに呼応して，x を「点」とよぶのである．

定義 3.1 の性質 (D1) は**正値性**とよばれ，(D2) は**対称性**とよばれる．(D3) の不等式は**三角不等式**とよばれる．

また，d は直積集合 $X \times X$ から $\mathbb{R}$ への関数とみることができる．実際，$X \times X$ の元 (x, y) に対して $d(x, y) \in \mathbb{R}$ が対応している．

$$\begin{array}{ccccc} d & : & X \times X & \to & \mathbb{R} \\ & & \Psi & & \Psi \\ & & (x, y) & \mapsto & d(x, y) \end{array}$$

このことから，d は**距離関数**，あるいは単に**距離**とよばれる．

距離関数の例を考えてみよう．

確認 例題 3.1

$\mathbb{R}^2$ の 2 点 $\mathrm{P} = (a_1, a_2)$, $\mathrm{Q} = (b_1, b_2)$ に対して $\widetilde{d}(\mathrm{P}, \mathrm{Q})$ を

$$\widetilde{d}(\mathrm{P}, \mathrm{Q}) = \max\{|a_1 - b_1|, |a_2 - b_2|\}$$

と定める．

(1) $\mathrm{P} = (2, 3)$, $\mathrm{Q} = (5, 1)$ に対して $\widetilde{d}(\mathrm{P}, \mathrm{Q})$ を求めよ．

(2) $\mathrm{P} = (a_1, a_2)$, $\mathrm{Q} = (b_1, b_2)$, $\mathrm{R} = (c_1, c_2) \in \mathbb{R}^2$ とする．このとき

$$|a_1 - c_1| \leq |a_1 - b_1| + |b_1 - c_1| \leq \widetilde{d}(\mathrm{P}, \mathrm{Q}) + \widetilde{d}(\mathrm{Q}, \mathrm{R}),$$
$$|a_2 - c_2| \leq |a_2 - b_2| + |b_2 - c_2| \leq \widetilde{d}(\mathrm{P}, \mathrm{Q}) + \widetilde{d}(\mathrm{Q}, \mathrm{R})$$

が成り立つことを示すことにより

$$\widetilde{d}(\mathrm{P}, \mathrm{Q}) \leq \widetilde{d}(\mathrm{P}, \mathrm{Q}) + \widetilde{d}(\mathrm{Q}, \mathrm{R})$$

を示せ．

(3) $\widetilde{d}$ に対して，定義 3.1 の性質 (D1), (D2), (D3) が成り立つことを示せ．

【解答】 (1) $\widetilde{d}(\mathrm{P}, \mathrm{Q}) = \max\{|2-5|, |3-1|\} = 3$.

(2) $\widetilde{d}(\mathrm{P}, \mathrm{Q})$, $\widetilde{d}(\mathrm{Q}, \mathrm{R})$ の定義に注意すれば

$$\begin{aligned}|a_1 - c_1| &= |(a_1 - b_1) + (b_1 - c_1)| \\ &\leq |a_1 - b_1| + |b_1 - c_1| \\ &\leq \max\{|a_1 - b_1|, |a_2 - b_2|\} + \max\{|b_1 - c_1|, |b_2 - c_2|\} \\ &= \widetilde{d}(\mathrm{P}, \mathrm{Q}) + \widetilde{d}(\mathrm{Q}, \mathrm{R})\end{aligned}$$

が得られる．同様に

$$|a_2 - c_2| \leq |a_2 - b_2| + |b_2 - c_2| \leq \widetilde{d}(\mathrm{P}, \mathrm{Q}) + \widetilde{d}(\mathrm{Q}, \mathrm{R})$$

も得られる．$|a_1 - c_1|$ も $|a_2 - c_2|$ も $\widetilde{d}(\mathrm{P}, \mathrm{Q}) + \widetilde{d}(\mathrm{Q}, \mathrm{R})$ 以下であるので

$$\widetilde{d}(\mathrm{P}, \mathrm{R}) = \max\{|a_1 - c_1|, |a_2 - c_2|\} \leq \widetilde{d}(\mathrm{P}, \mathrm{Q}) + \widetilde{d}(\mathrm{Q}, \mathrm{R})$$

が成り立つ．

(3) (D1) 任意の $\mathrm{P} = (a_1, a_2)$, $\mathrm{Q} = (b_1, b_2) \in \mathbb{R}^2$ に対して $\widetilde{d}(\mathrm{P}, \mathrm{Q}) \geq 0$ が成り立つことは定義よりしたがう．また

$$\begin{aligned}&\widetilde{d}(\mathrm{P}, \mathrm{Q}) = 0 \Leftrightarrow \max\{|a_1 - b_1|, |a_2 - b_2|\} = 0 \\ &\Leftrightarrow |a_1 - b_1| = |a_2 - b_2| = 0 \Leftrightarrow \text{「}a_1 = b_1 \text{ かつ } a_2 = b_2\text{」} \Leftrightarrow \mathrm{P} = \mathrm{Q}\end{aligned}$$

が成り立つ．

(D2) は定義よりしたがう．

(D3) は小問 (2) で示されている． ■

$\mathrm{P} = (a_1, a_2)$, $\mathrm{Q} = (b_1, b_2) \in \mathbb{R}^2$ としよう．2.6 節において

$$d(\mathrm{P}, \mathrm{Q}) = \sqrt{(a_1 - b_1)^2 + (a_2 - b_2)^2}$$

という距離 d を定めた．これをここでは**通常の距離**とよぶことにしよう．一方，確認例題 3.1 では別の距離 $\widetilde{d}$ を考えた．同じ集合に対して異なる距離が与えられたとき，それらは異なる距離空間と考える．

集合 X に距離 d が与えられた距離空間を (X, d) と表して，距離 d を明示する記法がしばしば用いられる．この記法によれば，通常の距離 d が与えられた距離空間 $(\mathbb{R}^2, d)$ と，確認例題 3.1 の距離 $\widetilde{d}$ が与えられた距離空間 $(\mathbb{R}^2, \widetilde{d})$ は，異なる距離空間である．

基本 例題 3.1

$\mathbb{R}$ の閉区間 $[0, 1]$ 上で定義された実数値連続関数全体の集合を X とし，$f, g \in X$ に対して，$d(f, g) \in \mathbb{R}$ を

$$d(f, g) = \int_0^1 |f(x) - g(x)|\, dx$$

と定める．このとき，この d について，定義 3.1 の性質 (D1), (D2), (D3) が成り立つことを示せ．ここで，$[0, 1]$ 上定義された連続関数が積分可能であることは証明なしに用いてよい．また，$f, g \in X$ について

$$\int_0^1 |f(x) - g(x)|\, dx = 0 \Leftrightarrow f = g$$

が成り立つことも証明なしに用いてよい．

【解答】 $f, g, h \in X$ とする．

(D1) 任意の $x \in [0, 1]$ に対して $|f(x) - g(x)| \geq 0$ であるので

$$d(f, g) = \int_0^1 |f(x) - g(x)|\, dx \geq 0$$

が成り立つ．また

$$d(f, g) = 0 \Leftrightarrow \int_0^1 |f(x) - g(x)|\, dx = 0 \Leftrightarrow f = g$$

が成り立つ.

(D2)　任意の $x \in [0,1]$ に対して

$$|g(x) - f(x)| = |f(x) - g(x)|$$

が成り立つことよりしたがう.

(D3)　任意の $x \in [0,1]$ に対して

$$|f(x) - h(x)| = |(f(x) - g(x)) + (g(x) - h(x))|$$
$$\leq |f(x) - g(x)| + |g(x) - h(x)|$$

が成り立つので

$$d(f,h) = \int_0^1 |f(x) - h(x)|\,dx$$
$$\leq \int_0^1 |f(x) - g(x)|\,dx + \int_0^1 |g(x) - h(x)|\,dx = d(f,g) + d(g,h)$$

が得られる. ■

3.2　距離空間におけるさまざまな概念

第 2 章では $\mathbb{R}^k$ に関してさまざまな概念を定義したが，その多くは距離空間に対しても一般化できる.

定義 3.2　(X,d) は距離空間とし，$\mathrm{P} \in X$ とする．正の実数 δ に対して，X の部分集合 $U_\delta(\mathrm{P})$ を

$$U_\delta(\mathrm{P}) = \{\mathrm{Q} \in X \mid d(\mathrm{Q},\mathrm{P}) < \delta\}$$

によって定め，これを点 P の δ **近傍**とよぶ.

定義 3.2 において，$d(\mathrm{P},\mathrm{P}) = 0$ であるので，任意の正の実数 δ に対して $\mathrm{P} \in U_\delta(\mathrm{P})$ が成り立つことにまず注意しよう.

導入 例題 3.2

$X = \mathbb{R}^2$ とする．d は通常の距離とし，$\widetilde{d}$ は確認例題 3.1 で定めた距離とする．$\mathrm{P} = (0,0) \in X$ とし，$\delta = 1$ とする.

(1)　距離空間 (X, d) における点 P の δ 近傍を図示せよ．

(2)　距離空間 $(X, \widetilde{d})$ における点 P の δ 近傍を図示せよ．

【解答】　(1)　この場合，点 P の δ 近傍は，原点を中心とする半径 1 の円の内部である．

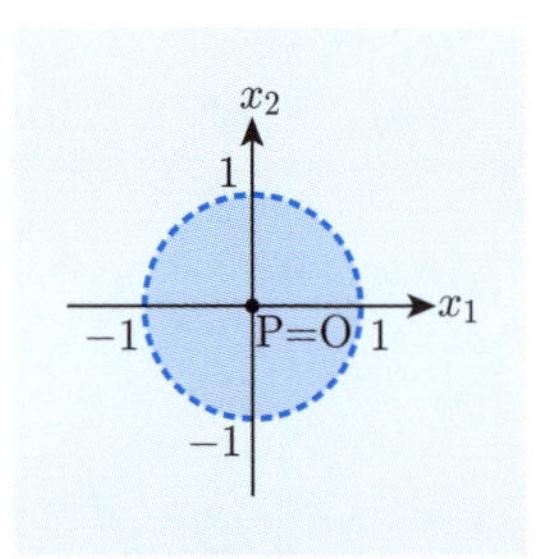

(2)　点 $\mathrm{Q} = (x_1, x_2) \in \mathbb{R}^2$ に対して

$$
\begin{aligned}
& \widetilde{d}(\mathrm{Q}, \mathrm{P}) < 1 \\
\Leftrightarrow\ & \max\{|x_1|, |x_2|\} < 1 \\
\Leftrightarrow\ & \text{「} |x_1| < 1 \text{ かつ } |x_2| < 1 \text{」}
\end{aligned}
$$

が成り立つ．よって，この場合の P の δ 近傍は，x 座標，y 座標の絶対値がともに 1 より小さい部分，すなわち，右のような正方形の内部である．■

このように，距離が異なれば，もちろん δ 近傍の形も異なる．

問 3.1　導入例題 3.1 の状況において，$N = 4$ とし，距離空間 (Y, d) を考える $(Y = X^4)$．$\alpha = (0, 0, 0, 0) \in Y$ とする．また，正の実数 δ に対して，α の δ 近傍を $U_\delta(\alpha)$ を考える．

(1)　$\delta = 2$ とするとき，$U_\delta(\alpha)$ に属する Y の元をすべて列挙せよ．

(2)　$\delta = 3$ とするとき，$U_\delta(\alpha)$ に属する Y の元をすべて列挙せよ．

定義 3.3　(X, d) は距離空間とする．Y は X の部分集合とし，P は X の点とする．

(1)　ある正の実数 δ が存在して，$U_\delta(\mathrm{P}) \subset Y$ が成り立つとき，P は Y の**内点**であるという．

(2) Y の補集合 Y^c $(= X \setminus Y)$ の内点を Y の**外点**という.

(3) 正の実数 δ をどのように選んでも $U_\delta(\mathrm{P}) \not\subset Y$ かつ $U_\delta(\mathrm{P}) \cap Y \neq \emptyset$ となるとき, P は Y の**境界点**であるという.

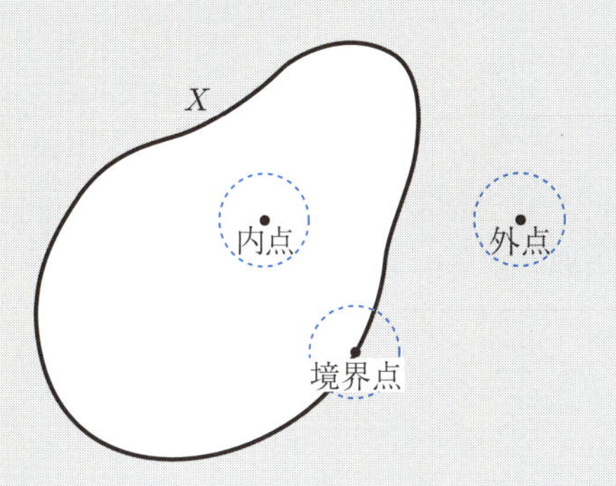

確認 例題 3.2

(X, d) は距離空間とする. Y は X の部分集合とし, P は X の点とする.

(1) P が Y の内点ならば, $\mathrm{P} \in Y$ であることを示せ.

(2) P が Y の外点ならば, $\mathrm{P} \notin Y$ であることを示せ.

(3) P が Y の境界点であることと, P が Y の内点でも外点でもないことは同値であることを示せ.

【解答】 (1) P が Y の内点ならば, ある正の実数 δ が存在して

$$U_\delta(\mathrm{P}) \subset Y$$

が成り立つ. $\mathrm{P} \in U_\delta(\mathrm{P})$ であるので, $\mathrm{P} \in Y$ である.

(2) P が Y の外点ならば, P は Y^c の内点であるので, 小問 (1) より $\mathrm{P} \in Y^c$ が成り立つ. よって, $\mathrm{P} \notin Y$ となる.

(3) P が Y の内点でないということは, 正の実数 δ をどのように選んでも

$$U_\delta(\mathrm{P}) \not\subset Y$$

となることと同値である.

P が Y の外点でないということは, 正の実数 δ をどのように選んでも

$$U_\delta(\mathrm{P}) \not\subset Y^c, \quad すなわち, \quad U_\delta(\mathrm{P}) \cap Y \neq \emptyset$$

となることと同値である.

よって，P が Y の境界点であることと，P が Y の内点でも外点でもないことは同値である. ■

定義 3.4 (X, d) は距離空間とし，Y は X の部分集合とする.

(1) Y に属するすべての点が Y の内点であるとき，Y は X の**開集合**であるという．空集合も X の開集合であると考える.

(2) Y のすべての境界点が Y に属するとき，Y は X の**閉集合**であるという．空集合も X の閉集合であると考える.

定義 3.4 によれば，距離空間 (X, d) において，X 自身は X の開集合であり，閉集合でもあることに注意しよう.

確認 例題 3.3

(X, d) は距離空間とし，Y は X の部分集合とする．Y が X の開集合ならば，補集合 Y^c は X の閉集合であることを示せ.

【解答】 Y^c の境界点 P を任意に選ぶ．このとき，P は Y^c の外点でないので，Y の内点でない．Y は X の開集合であるので，Y に属するすべての点は Y の内点である．したがって，$\mathrm{P} \notin Y$，すなわち，$\mathrm{P} \in Y^c$ であることがわかる．Y^c の任意の境界点が Y^c に属するので，Y^c は X の閉集合である. ■

問 3.2 (X, d) は距離空間とし，Y は X の部分集合とする．Y が X の閉集合ならば，補集合 Y^c は X の開集合であることを示せ.

基本 例題 3.2

(X, d) は距離空間とする.

(1) U_1, U_2 が X の開集合ならば，$U_1 \cap U_2$ も X の開集合であることを示せ.

(2)　X の部分集合の族 $(U_\lambda)_{\lambda\in\Lambda}$ において，すべての $\lambda\in\Lambda$ に対して U_λ が X の開集合ならば，$\displaystyle\bigcup_{\lambda\in\Lambda} U_\lambda$ も X の開集合であることを示せ．

【解答】　(1)　点 $\mathrm{P}\in U_1\cap U_2$ を任意にとる．このとき，$\mathrm{P}\in U_1$ であり，U_1 は X の開集合であるので，ある正の実数 δ_1 が存在して

$$U_{\delta_1}(\mathrm{P})\subset U_1$$

が成り立つ．同様に，ある正の実数 δ_2 が存在して

$$U_{\delta_2}(\mathrm{P})\subset U_2$$

が成り立つ．$\delta=\min\{\delta_1,\delta_2\}$ とおくと

$$U_\delta(\mathrm{P})\subset U_1\cap U_2$$

が成り立つので，$U_1\cap U_2$ は X の開集合である．

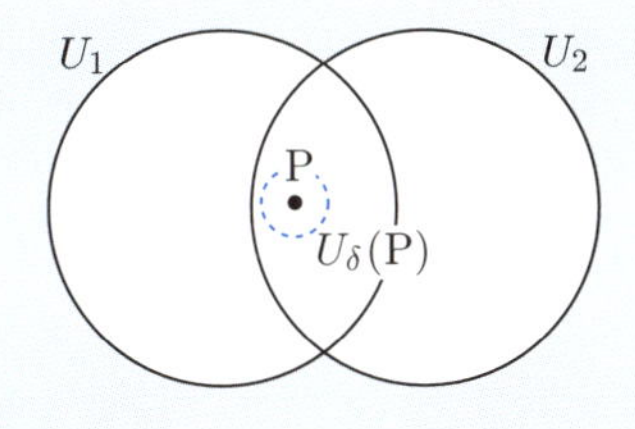

(2)　点 $\mathrm{P}\in\displaystyle\bigcup_{\lambda\in\Lambda} U_\lambda$ を任意にとると，ある $\mu\in\Lambda$ に対して $\mathrm{P}\in U_\mu$ が成り立つ．U_μ は X の開集合であるので，ある正の実数 δ が存在して

$$U_\delta(\mathrm{P})\subset U_\mu$$

が成り立つ．したがって

$$U_\delta(\mathrm{P})\subset U_\mu\subset\bigcup_{\lambda\in\Lambda} U_\lambda$$

となる．よって，$\displaystyle\bigcup_{\lambda\in\Lambda} U_\lambda$ は X の開集合である．

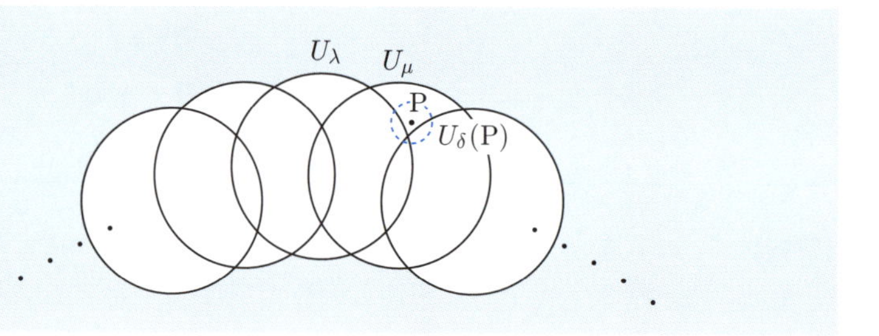

■

基本例題 3.2 (2) において，Λ は無限集合でもよいことに注意しよう．一方，無限個の開集合の共通部分は，必ずしも開集合ではない（基本例題 3.3 参照）．

基本 例題 3.3

$\mathbb{R}^2$ に通常の距離を入れた距離空間を考える．$n \in \mathbb{N}$ に対して

$$U_n = \left\{ (x_1, x_2) \in \mathbb{R}^2 \;\middle|\; x_1^2 + x_2^2 < \frac{1}{n^2} \right\}$$

とおくと，各 U_n は開集合である（このことはここでは認める）．しかし，$\displaystyle\bigcap_{n\in\mathbb{N}} U_n$ は開集合でないことを示せ．

【解答】 どんな自然数 n に対しても原点 $\mathrm{O} = (0, 0)$ との距離が $\dfrac{1}{n}$ 未満となる点は，原点 O のみであるので

$$\bigcap_{n\in\mathbb{N}} U_n = \{\mathrm{O}\}$$

である．これは $\mathbb{R}^2$ の開集合ではない．実際，点 O は $\{\mathrm{O}\}$ の内点ではない．■

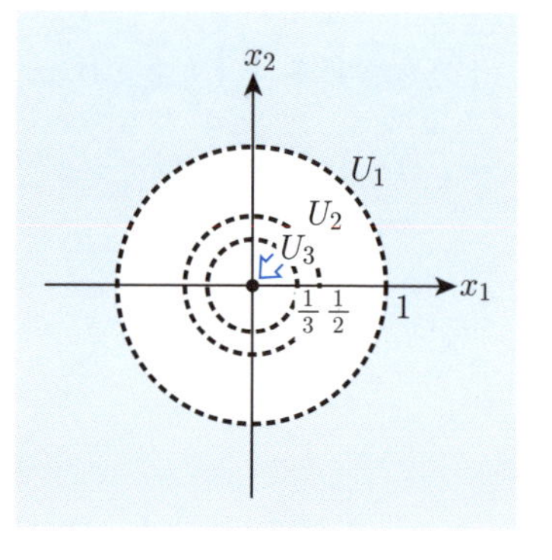

問 3.3　(X,d) は距離空間とする．

(1)　V_1, V_2 が X の閉集合ならば，$V_1 \cup V_2$ も X の閉集合であることを示せ．

(2)　X の部分集合の族 $(V_\lambda)_{\lambda\in\Lambda}$ において，すべての $\lambda \in \Lambda$ に対して V_λ が X の閉集合ならば，$\displaystyle\bigcap_{\lambda\in\Lambda} V_\lambda$ も X の閉集合であることを示せ．

次に，基本例題 2.14 の条件 (b) を一般化して，2 つの距離空間の間の写像に関して，「連続」という概念を定義する．

定義 3.5　(X,d), (Y,d') は距離空間とし，$f\colon X \to Y$ は写像とする．

(1)　$\mathrm{P} \in X$ とする．正の実数 ε を任意に与えたとき，その ε に応じて，ある正の実数 δ が存在し

$$f\bigl(U_\delta(\mathrm{P})\bigr) \subset U'_\varepsilon\bigl(f(\mathrm{P})\bigr)$$

が成り立つとき，写像 f は点 P において**連続**であるという．ここで，$U_\delta(\mathrm{P})$ は点 P の X における δ 近傍を表し，$U'_\varepsilon\bigl(f(\mathrm{P})\bigr)$ は点 $f(\mathrm{P})$ の Y における ε 近傍を表す．

(2)　任意の点 $\mathrm{P} \in X$ において写像 f が連続であるとき，f は**連続写像**である（**連続**である）という．

確認 例題 3.4

(X,d), (Y,d') は距離空間とする．$f\colon X \to Y$ は写像とし，P は X の点とするとき，次の 2 つの条件 (a), (b) は同値であることを示せ．

(a)　f は点 P において連続である．

(b)　正の実数 ε を任意に与えたとき，その ε に応じて，ある正の実数 δ が存在し

$$U_\delta(\mathrm{P}) \subset f^{-1}\bigl(U'_\varepsilon\bigl(f(\mathrm{P})\bigr)\bigr)$$

が成り立つ．

ここで，$U_\delta(\mathrm{P})$ は点 P の X における δ 近傍を表し，$U'_\varepsilon\bigl(f(\mathrm{P})\bigr)$ は点 $f(\mathrm{P})$ の Y における ε 近傍を表す．

【解答】 確認例題 1.18 (2) において，$A = U_\delta(\mathrm{P})$, $B = U'_\varepsilon\bigl(f(\mathrm{P})\bigr)$ とすれば

$$f\bigl(U_\delta(\mathrm{P})\bigr) \subset U'_\varepsilon\bigl(f(\mathrm{P})\bigr) \Leftrightarrow U_\delta(\mathrm{P}) \subset f^{-1}\bigl(U'_\varepsilon\bigl(f(\mathrm{P})\bigr)\bigr)$$

が成り立つことがわかる．よって，2つの条件 (a), (b) は同値である． ■

基本 例題 3.4

(X, d), (Y, d') は距離空間とし，$f \colon X \to Y$ は連続写像とする．U が Y の開集合ならば，その逆像 $f^{-1}(U)$ は X の開集合であることを示せ．

【解答】 $P \in f^{-1}(U)$ を任意に選ぶ．このとき，$f(\mathrm{P}) \in U$ である．U は Y の開集合であるので，ある正の実数 ε が存在して

$$U'_\varepsilon\bigl(f(\mathrm{P})\bigr) \subset U$$

が成り立つ．ここで，$U'_\varepsilon\bigl(f(\mathrm{P})\bigr)$ は点 $f(\mathrm{P})$ の Y における ε 近傍を表す．このとき，両辺の f による逆像を考えれば，確認例題 1.18 (1) により

$$f^{-1}\bigl(U'_\varepsilon\bigl(f(\mathrm{P})\bigr)\bigr) \subset f^{-1}(U) \tag{3.1}$$

が得られる．また，f は点 P において連続であるので，確認例題 3.4 により，ある正の実数 δ が存在して

$$U_\delta(\mathrm{P}) \subset f^{-1}\bigl(U'_\varepsilon\bigl(f(\mathrm{P})\bigr)\bigr) \tag{3.2}$$

が成り立つ．ここで，$U_\delta(\mathrm{P})$ は点 P の X における δ 近傍を表す．式 (3.1) と式 (3.2) をあわせれば

$$U_\delta(\mathrm{P}) \subset f^{-1}(U)$$

が得られるので，P は $f^{-1}(U)$ の内点である．

$f^{-1}(U)$ に属する任意の点 P が $f^{-1}(U)$ の内点であるので，$f^{-1}(U)$ は X の開集合である． ■

問 3.4 (X, d), (Y, d') は距離空間とし，$f \colon X \to Y$ は連続写像とする．V が Y の閉集合ならば，$f^{-1}(V)$ は X の閉集合であることを示せ．

3.3　距離空間から位相空間へ：「近傍」の定義

たとえば，次のような3つの図形を考えてみよう．

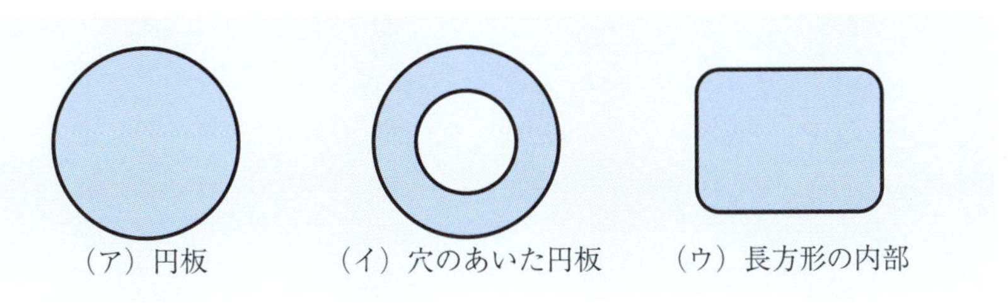

これらの図形はゴムのような素材で作られており，自由に伸び縮みできるとしよう．（ア）を変形すれば（ウ）の形に変形できるが，（イ）の形にはできないことが見てとれるだろう．したがって，図形（イ）は，点のつながり具合が（ア）や（ウ）とは異なると考えられる．このような「点のつながり具合」を調べる手段として，「位相空間」とよばれる概念がある．

導入　例題 3.3

太郎君が先生に質問した．

太郎「先生，『位相空間』の定義を教えてください．」

先生「今，この段階でそれを教えても，おそらく何のことだかわからないと思います．順を追って考えていきましょう．まず，『位相空間』について，どのようなイメージを持っていますか？」

太郎「伸び縮みするゴムのようなものをイメージしています．」

先生「そうすると，2点間の距離も『伸び縮み』によって変わりますね．」

太郎「確かにそうですね．」

先生「図形が多少伸びたり縮んだりしても変わらないものは何か…．それを探すことからはじめましょう．」

$X = \mathbb{R}^2$ とする．d は通常の距離とし，$\widetilde{d}$ は確認例題 3.1 で定めた距離とする．$\mathrm{P} = (a_1, a_2) \in X$ とし，δ は正の実数とする．距離空間 (X, d) における点 P の δ 近傍を $U_\delta(\mathrm{P})$ と表し，距離空間 $(X, \widetilde{d})$ における点 P の δ 近傍を $\widetilde{U}_\delta(\mathrm{P})$ と表す．

$$U_\delta(\mathrm{P}) = \{\mathrm{R} \in X \mid d(\mathrm{R},\mathrm{P}) < \delta\},$$
$$\widetilde{U}_\delta(\mathrm{P}) = \{\mathrm{R} \in X \mid \widetilde{d}(\mathrm{R},\mathrm{P}) < \delta\}.$$

また，$\mathrm{Q} = (b_1, b_2) \in X$ とし，Y は X の部分集合とする．

(1) $d(\mathrm{Q},\mathrm{P}) \geq \widetilde{d}(\mathrm{Q},\mathrm{P})$ が成り立つことを示せ．

(2) $d(\mathrm{Q},\mathrm{P}) \leq \sqrt{2}\,\widetilde{d}(\mathrm{Q},\mathrm{P})$ が成り立つことを示せ．

(3) $U_\delta(\mathrm{P}) \subset \widetilde{U}_\delta(\mathrm{P})$ が成り立つことを示せ．

(4) $\widetilde{U}_\delta(\mathrm{P}) \subset U_{\sqrt{2}\,\delta}(\mathrm{P})$ が成り立つことを示せ．

(5) 距離空間 $(X, \widetilde{d})$ において点 P が Y の内点ならば，距離空間 (X, d) においても点 P は Y の内点であることを示せ．

(6) 距離空間 (X, d) において点 P が Y の内点ならば，距離空間 $(X, \widetilde{d})$ においても点 P は Y の内点であることを示せ．

(7) Y が距離空間 (X, d) における開集合であることと，Y が距離空間 $(X, \widetilde{d})$ における開集合であることは同値であることを示せ．

【解答】 (1) 次の2つの不等式が成り立つことに注意する．

$$d(\mathrm{Q},\mathrm{P}) = \sqrt{(b_1 - a_1)^2 + (b_2 - a_2)^2} \geq \sqrt{(b_1 - a_1)^2} = |b_1 - a_1|,$$
$$d(\mathrm{Q},\mathrm{P}) = \sqrt{(b_1 - a_1)^2 + (b_2 - a_2)^2} \geq \sqrt{(b_2 - a_2)^2} = |b_2 - a_2|.$$

このことより

$$d(\mathrm{Q},\mathrm{P}) \geq \max\{|b_1 - a_1|, |b_2 - a_2|\} = \widetilde{d}(\mathrm{Q},\mathrm{P})$$

が得られる．

(2) $|b_i - a_i| \leq \max\{|b_1 - a_1|, |b_2 - a_2|\} = \widetilde{d}(\mathrm{Q},\mathrm{P})$ $(1 \leq i \leq 2)$ より

$$\begin{aligned} d(\mathrm{Q},\mathrm{P}) &= \sqrt{(b_1 - a_1)^2 + (b_2 - a_2)^2} \\ &\leq \sqrt{\{\widetilde{d}(\mathrm{Q},\mathrm{P})\}^2 + \{\widetilde{d}(\mathrm{Q},\mathrm{P})\}^2} \\ &= \sqrt{2}\,\widetilde{d}(\mathrm{Q},\mathrm{P}) \end{aligned}$$

が得られる．

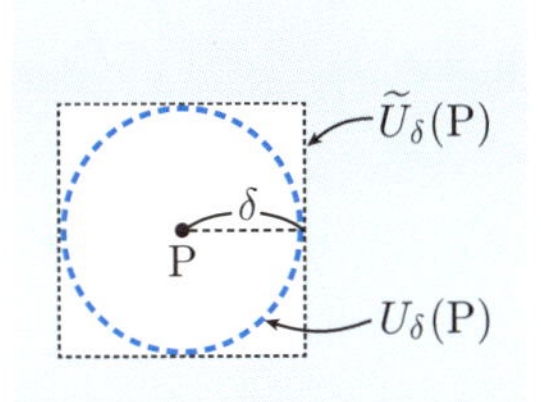

(3)　$\mathrm{Q} \in U_\delta(\mathrm{P})$ とすると，$d(\mathrm{Q},\mathrm{P}) < \delta$ である．小問 (1) を用いれば

$$\widetilde{d}(\mathrm{Q},\mathrm{P}) \leq d(\mathrm{Q},\mathrm{P}) < \delta$$

となるので，$\mathrm{Q} \in \widetilde{U}_\delta(\mathrm{P})$ が得られる．よって，$U_\delta(\mathrm{P}) \subset \widetilde{U}_\delta(\mathrm{P})$ である．

(4)　$\mathrm{Q} \in \widetilde{U}_\delta(\mathrm{P})$ とすると，$\widetilde{d}(\mathrm{Q},\mathrm{P}) < \delta$ である．小問 (2) を用いれば

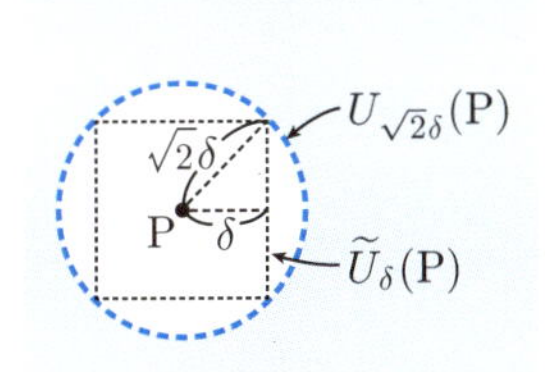

$$d(\mathrm{Q},\mathrm{P}) \leq \sqrt{2}\,\widetilde{d}(\mathrm{Q},\mathrm{P}) < \sqrt{2}\,\delta$$

となるので，$\mathrm{Q} \in U_{\sqrt{2}\,\delta}(\mathrm{P})$ が得られる．よって，$\widetilde{U}_\delta(\mathrm{P}) \subset U_{\sqrt{2}\,\delta}(\mathrm{P})$ である．

(5)　距離空間 $(X, \widetilde{d})$ において，点 P が Y の内点であるとする．このとき，正の実数 ε が存在して

$$\widetilde{U}_\varepsilon(\mathrm{P}) \subset Y$$

が成り立つ．このとき，小問 (3) の結果を用いれば

$$U_\varepsilon(\mathrm{P}) \subset \widetilde{U}_\varepsilon(\mathrm{P}) \subset Y$$

が得られる．よって，距離空間 (X, d) において，P は Y の内点である．

(6)　距離空間 (X, d) において，点 P が Y の内点であるとする．このとき，正の実数 ε が存在して

$$U_\varepsilon(\mathrm{P}) \subset Y$$

が成り立つ．$\varepsilon' = \dfrac{\varepsilon}{\sqrt{2}}$ とおき，この ε' に対して小問 (4) の結果を用いれば

$$\widetilde{U}_{\varepsilon'}(\mathrm{P}) \subset U_{\sqrt{2}\,\varepsilon'}(\mathrm{P}) = U_\varepsilon(\mathrm{P}) \subset Y$$

が得られる．よって，距離空間 $(X, \widetilde{d})$ において，P は Y の内点である．

(7)　小問 (5), (6) より，次のことが成り立つ．

Y は距離空間 (X, d) における開集合である
$\Leftrightarrow$ Y に属するすべての点が距離空間 (X, d) において Y の内点である
$\Leftrightarrow$ Y に属するすべての点が距離空間 $(X, \widetilde{d})$ において Y の内点である
$\Leftrightarrow$ Y は距離空間 $(X, \widetilde{d})$ における開集合である．■

導入例題 3.3 において，「δ 近傍」という概念は，距離空間 (X, d) と距離空間 $(X, \widetilde{d})$ とでは，意味が異なる．しかし，「内点」や「開集合」という概念は，同じ意味を持つ．そこで，「距離によらない概念」を用いて点のつながり具合を論じるために，「δ 近傍」に代わって，「近傍」という概念を定義する．

定義 3.6　(X, d) は距離空間とする．P は X の点し，V は X の部分集合とする．点 P が V の内点であるとき，すなわち，ある正の実数 δ が存在して

$$U_\delta(\mathrm{P}) \subset V \tag{3.3}$$

が成り立つとき，V は P の**近傍**であるという．

大まかにいえば，点 P の近傍とは，P に十分近い点をすべて含んでいる集合である．定義 3.6 において，V が点 P の近傍ならば，$\mathrm{P} \in V$ であることに注意しよう．また，X 自身は P の近傍であることにも注意しよう．

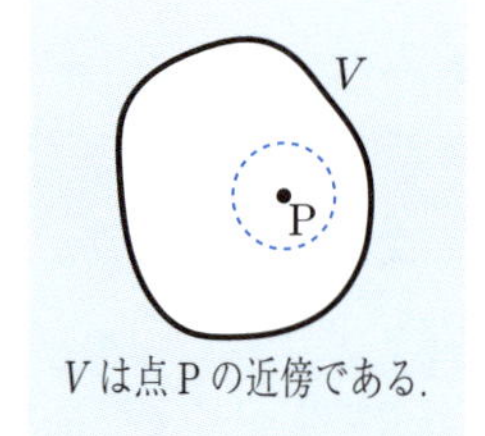

V は点 P の近傍である．

点 P の δ 近傍は，点 P の近傍である．しかし，もちろん，点 P のすべての近傍が δ 近傍の形に表されるとは限らない．

さらに，定義 3.6 と定義 3.4 とを比べれば，次のこともわかる．

Point

Y は X の開集合である $\Leftrightarrow$ 任意の $\mathrm{P} \in Y$ に対して，Y は P の近傍である．

導入例題 3.3 の状況を考えよう．距離空間 (X, d) と距離空間 $(X, \widetilde{d})$ において，X の部分集合 Y の「内点」という概念は同一であるので（導入例題 3.3 (5), (6)），点 P の「近傍」という概念も同一である．

問 3.5 (X, d) は距離空間とし，$\mathrm{P} \in X$ とする．V, W は X の部分集合であって，$V \subset W$ をみたすものとする．このとき，V が点 P の近傍ならば，W もまた点 P の近傍であることを示せ．

次に，「近傍」という概念を用いて，「連続」という概念をとらえ直そう．

確認 例題 3.5

(X, d), (Y, d') は距離空間とし，$f\colon X \to Y$ は写像とする．X の点 P に対して，次の 2 つの条件 (a), (b) を考える．

(a) 写像 $f\colon X \to Y$ は点 P において連続である．

(b) 点 $f(\mathrm{P})$ の (Y, d') における近傍 W を任意に与えたとき，その W に応じて，点 P の (X, d) における近傍 V が存在し

$$f(V) \subset W$$

が成り立つ．

このとき，「(a) ⇒ (b)」が成り立つことを示せ．

【解答】 f は点 P において連続であると仮定する．点 $f(\mathrm{P})$ の (Y, d') における近傍 W を任意に選ぶ．このとき，ある正の実数 ε が存在して

$$U'_\varepsilon\bigl(f(\mathrm{P})\bigr) \subset W$$

が成り立つ．ここで，$U'_\varepsilon\bigl(f(\mathrm{P})\bigr)$ は $f(\mathrm{P})$ の (Y, d') における ε 近傍を表す．f が点 P において連続であるので，ある正の実数 δ が存在して

$$f\bigl(U_\delta(\mathrm{P})\bigr) \subset U'_\varepsilon\bigl(f(\mathrm{P})\bigr)$$

が成り立つ．ここで，$U_\delta(\mathrm{P})$ は P の (X, d) における δ 近傍を表す．ここで，$V = U_\delta(\mathrm{P})$ とおけば，V は (X, d) における P の近傍であって

$$f(V) \subset W$$

をみたす．よって，「(a) ⇒ (b)」が示された． ■

問 3.6 確認例題 3.5 において，「(b) ⇒ (a)」が成り立つことを示せ．

確認例題 3.5，問 3.6 により，次のことが示された．

Point (X, d), (Y, d') は距離空間とし，$f\colon X \to Y$ は写像とする．X の点 P に対して，次の 2 つの条件 (a), (b) は同値である．

(a) 写像 $f\colon X \to Y$ は点 P において連続である．

(b) 点 $f(\mathrm{P})$ の (Y, d') における近傍 W を任意に与えたとき，その W に応じて，点 P の (X, d) における近傍 V が存在し

$$f(V) \subset W$$

が成り立つ．

3.4 近傍の公理と位相空間の定義

近傍の性質をもう少し調べてみよう．

導入 例題 3.4

(X, d) は距離空間とする．P は X の点とし，ε は正の実数とする．点 P の ε 近傍 $U_\varepsilon(\mathrm{P})$ に属する点 Q を任意にとると，$U_\varepsilon(\mathrm{P})$ は点 Q の近傍でもあることを示せ．

【解答】 $d(\mathrm{Q}, \mathrm{P}) = c$ とおく．$\mathrm{Q} \in U_\varepsilon(\mathrm{P})$ より $c < \varepsilon$ である．このとき

$$U_{\varepsilon - c}(\mathrm{Q}) \subset U_\varepsilon(\mathrm{P}) \tag{3.4}$$

が成り立つ．実際，$U_{\varepsilon - c}(\mathrm{Q})$ に属する任意の点 R に対して

$$d(\mathrm{R}, \mathrm{Q}) < \varepsilon - c$$

が成り立つ．このとき，三角不等式を用いれば

$$d(\mathrm{R}, \mathrm{P}) \leq d(\mathrm{R}, \mathrm{Q}) + d(\mathrm{Q}, \mathrm{P}) < \varepsilon - c + c = \varepsilon$$

が得られるので，$\mathrm{R} \in U_\varepsilon(\mathrm{P})$ となる．よって，式 (3.4) が成り立つ．したがって，$U_\varepsilon(\mathrm{P})$ は点 Q の近傍でもある．

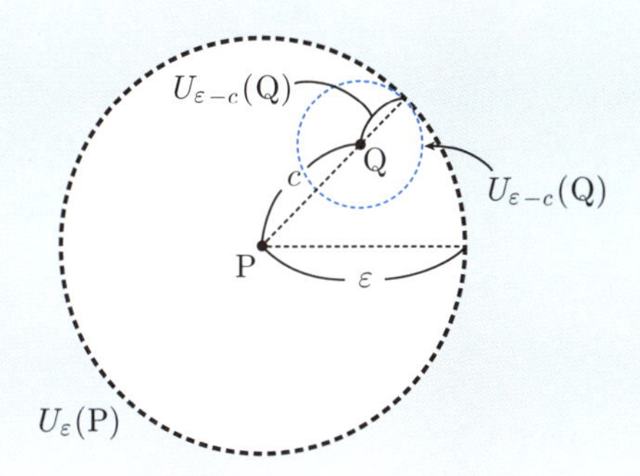

■

確認 例題 3.6

(X, d) は距離空間とし，P は X の点とする．X の部分集合 V_1, V_2 が点 P の近傍ならば，$V_1 \cap V_2$ もまた点 P の近傍であることを示せ．

【解答】 V_1 が点 P の近傍であるので，ある正の実数 δ_1 が存在して

$$U_{\delta_1}(\mathrm{P}) \subset V_1$$

が成り立つ．同様に，ある正の実数 δ_2 が存在して

$$U_{\delta_2}(\mathrm{P}) \subset V_2$$

が成り立つ．ここで，$\delta = \min\{\delta_1, \delta_2\}$ とおくと

$$U_\delta(\mathrm{P}) \subset V_1 \cap V_2$$

が成り立つ．したがって，$V_1 \cap V_2$ は点 P の近傍である．■

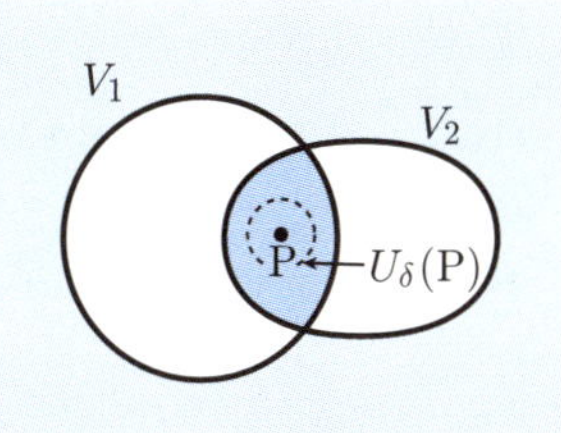

基本 例題 3.5

(X, d) は距離空間とし，P は X の点とする．X の部分集合 V が点 P の近傍であるとき，次の 3 つの条件 (a), (b), (c) をすべてみたす X の部分集合 W が存在することを示せ．

(a)　W は点 P の近傍である．

(b)　$W \subset V$ である．

(c)　W に属する任意の点 Q に対して，V は点 Q の近傍である．

【解答】　V が点 P の近傍であるので，ある正の実数 ε が存在して

$$U_\varepsilon(\mathrm{P}) \subset V$$

が成り立つ．そこで，点 P の近傍 W を

$$W = U_\varepsilon(\mathrm{P})$$

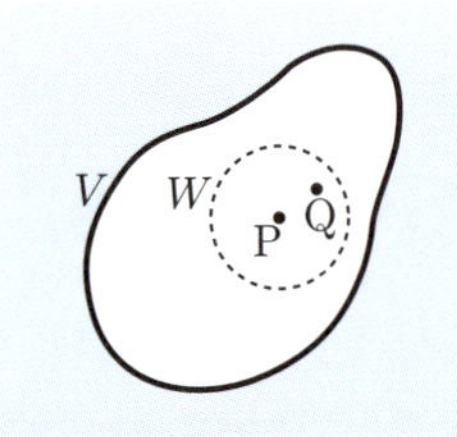

と定めると，$W \subset V$ をみたす．このとき，導入例題 3.4 により，W に属する任意の点 Q に対して，W は点 Q の近傍であり，問 3.5 により，V は点 Q の近傍である．したがって，W は条件 (a), (b), (c) をすべてみたす． ■

ここで，ようやく「位相空間」という概念を述べることができる．

定義 3.7　X は空集合でない集合とし，X の元を「点」とよぶことにする．X の各点 P に対して，「点 P の近傍」とよばれる X の部分集合の族が定まっており，次の 5 つの条件が成り立つとき，X は**位相空間**であるという．

(N1)　X 自身は点 P の近傍である．

(N2)　V が点 P の近傍ならば，$\mathrm{P} \in V$ である．

(N3)　V が点 P の近傍であり，X の部分集合 W が V を含むならば，W も点 P の近傍である．

(N4)　V_1, V_2 が点 P の近傍ならば，$V_1 \cap V_2$ も点 P の近傍である．

(N5)　V が点 P の近傍ならば，点 P の近傍 W であって，$W \subset V$ をみたし，かつ，W に属する任意の点 Q に対して V が点 Q の近傍でもあるようなものが存在する．

定義 3.7 の条件 (N1) から (N5) までを総称して，**近傍の公理**とよぶ．

注意：

(1)　定義 3.7 には，「距離」という概念が含まれていない．つまり，「距離」という概念によらずに，各点の近傍をすべて定めることによって，点同士のつながり具合を記述している．ここに，大きな発想の転換がある．

(2)　(X, d) が距離空間ならば，各点 P に対して，点 P の近傍を定義 3.6 によって定めると，(N1) から (N5) までの 5 つの条件が成り立つので（問 3.5，確認例題 3.6，基本例題 3.5 参照），位相空間が定まる．これを**距離空間** (X, d) **の定める位相空間**とよぶ．

(3)　しかし，すべての位相空間が距離空間から定まるとは限らない（演習問題 3.4 参照）．

確認 例題 3.7

$X = \mathbb{R}^2$ とする．d は通常の距離とし，$\widetilde{d}$ は確認例題 3.1 で定めた距離とする．このとき，2 種類の距離空間 (X, d), $(X, \widetilde{d})$ は同一の位相空間を定めること（すなわち，X のすべての点に対して，その点の近傍がすべて一致すること）を示せ．

【解答】　Y は X の部分集合とし，P は X の点とする．導入例題 3.3 (5), (6) により，次のことが成り立つ．

距離空間 (X, d) において，Y は点 P の近傍である
$\Leftrightarrow$ 距離空間 (X, d) において，点 P は Y の内点である
$\Leftrightarrow$ 距離空間 $(X, \widetilde{d})$ において，点 P は Y の内点である
$\Leftrightarrow$ 距離空間 $(X, \widetilde{d})$ において，Y は点 P の近傍である．

したがって，この 2 つの距離空間は同一の位相空間を定める．■

確認例題 3.7 において，(X, d) と $(X, \widetilde{d})$ は，距離空間としては異なるものであるが，それらの定める位相空間は同一である．

基本 例題 3.6

$X=\mathbb{R}$ とする．$\mathrm{P}\in X$ に対して，X の部分集合 V が次の 2 つの条件 (a), (b) をみたすとき，また，そのときに限って，V は P の近傍であると定めることにする．

(a)　$\mathrm{P}\in V$ である．

(b)　補集合 V^c は有限集合または空集合である．

このとき，近傍の公理の条件 (N1) から (N5) までが成り立つことを示せ．

【解答】　(N1)　$\mathrm{P}\in X$ であり，$X^c=\emptyset$ であるので，X は P の近傍である．

(N2)　条件 (a) よりしたがう．

(N3)　V は P の近傍とし，$V\subset W\subset X$ とすると，$\mathrm{P}\in W$ であり

$$V^c\supset W^c$$

が成り立つ．V^c は有限集合または空集合であるので，W^c も有限集合または空集合である．よって，W は点 P の近傍である．

(N4)　V_1, V_2 は P の近傍とする．このとき，$\mathrm{P}\in V_1\cap V_2$ である．また

$$(V_1\cap V_2)^c=V_1^c\cup V_2^c$$

である．V_1^c, V_2^c はどちらも有限集合または空集合であるので，$(V_1\cap V_2)^c$ も有限集合または空集合である．よって，$V_1\cap V_2$ は点 P の近傍である．

(N5)　V は P の近傍とする．$W=V$ とおくと，任意の $\mathrm{Q}\in W$（$=V$）に対して，W は Q の近傍である．実際，$\mathrm{Q}\in W$ であり，W^c（$=V^c$）は有限集合または空集合である．■

3.5　位相空間におけるさまざまな概念

これまでのところ，位相空間には「近傍」という概念しか定まっていない．「近傍」をもとにして，さまざまな概念を定義しよう．

定義 3.8　X は位相空間とする．Y は X の部分集合とし，P は X の点とする．

(1)　Y が P の近傍であるとき，P は Y の**内点**であるという．

(2)　Y の補集合 Y^c $(= X \setminus Y)$ の内点を Y の**外点**という．

定義 3.8 において，次のことがわかる（近傍の公理の条件 (N2) 参照）．

Point

- P が Y の内点ならば，$\mathrm{P} \in Y$ である．
- P が Y の外点ならば，$\mathrm{P} \notin Y$ である．

確認 例題 3.8

X は位相空間とする．Y は X の部分集合とし，P は X の点とする．このとき，次の 2 つの条件 (a), (b) は同値であることを示せ．

(a)　P は Y の内点でも外点でもない．

(b)　P の近傍 V をどのように選んでも，$V \not\subset Y$ かつ $V \cap Y \neq \emptyset$ となる．

【解答】　(a) $\Rightarrow$ (b)　P は Y の内点でも外点でもないとする．仮に点 P の近傍 V が $V \subset Y$ をみたすとすると，近傍の公理の条件 (N3) により，Y は P の近傍である．このとき，P は Y の内点となり，仮定に反する．また，仮に点 P の近傍 V が $V \cap Y = \emptyset$ をみたすとすると

$$V \subset Y^c$$

が成り立つ．このとき，再び近傍の公理の条件 (N3) により，Y^c は P の近傍である．よって，P は Y^c の内点，すなわち，Y の外点となり，仮定に反する．

したがって，条件 (b) が成り立つ．

(b) ⇒ (a) 条件 (b) を仮定する．仮に P が Y の内点であるとすると，Y は P の近傍である．このとき，$V = Y$ とおけば，V は P の近傍であって

$$V \subset Y$$

をみたす．これは仮定に反する．また，仮に P が Y の外点であるとすると，P は Y^c の内点であるので，Y^c は P の近傍である．このとき，$V = Y^c$ とおけば，V は P の近傍であって

$$V \cap Y = \emptyset$$

をみたす．これは仮定に反する．したがって，条件 (a) が成り立つ． ■

定義 3.9 X は位相空間とする．Y は X の部分集合とし，P は X の点とする．確認例題 3.8 の同値な条件 (a), (b) のいずれか（したがって，両方）が成り立つとき，P は Y の**境界点**であるという．

次に，位相空間において，「開集合」,「閉集合」という概念を導入しよう．

定義 3.10 X は位相空間とし，Y は X の部分集合とする．

(1) Y に属するすべての点が Y の内点であるとき，すなわち，Y が Y に属するすべての点の近傍であるとき，Y は X の**開集合**であるという．空集合も X の開集合であると考える．

(2) Y のすべての境界点が Y に属するとき，Y は X の**閉集合**であるという．空集合も X の閉集合であると考える．

問 3.7　X は位相空間とし，Y は X の部分集合とする．

(1)　Y の境界点全体の集合と，補集合 Y^c の境界点全体の集合は一致することを示せ．

(2)　Y が X の開集合ならば，Y^c は X の閉集合であることを示せ．

(3)　Y が X の閉集合ならば，Y^c は X の開集合であることを示せ．

(4)　X 自身は X の開集合であり，閉集合でもあることを示せ．

それでは，次の基本例題 3.7 を解いてみよう．その際，近傍の公理，および，そこから導かれることだけを用いることに注意しよう．

基本 例題 3.7

X は位相空間とする．

(1)　U_1, U_2 が X の開集合ならば，$U_1 \cap U_2$ も X の開集合であることを示せ．

(2)　X の部分集合の族 $(U_\lambda)_{\lambda\in\Lambda}$ において，すべての $\lambda \in \Lambda$ に対して U_λ が X の開集合ならば，$\displaystyle\bigcup_{\lambda\in\Lambda} U_\lambda$ も X の開集合であることを示せ．

【解答】　(1)　点 $\mathrm{P} \in U_1 \cap U_2$ を任意に選ぶ．このとき，$\mathrm{P} \in U_1$ であり，U_1 は開集合であるので，U_1 は P の近傍である．同様に，U_2 は P の近傍である．このとき，近傍の公理の条件 (N4) により，$U_1 \cap U_2$ は P の近傍である．P は任意に選んだので，$U_1 \cap U_2$ は X の開集合である．

(2)　点 $\mathrm{P} \in \displaystyle\bigcup_{\lambda\in\Lambda} U_\lambda$ を任意に選ぶ．このとき，ある $\mu \in \Lambda$ が存在して

$$\mathrm{P} \in U_\mu$$

となる．U_μ は X の開集合であるので，U_μ は P の近傍である．ここで

$$U_\mu \subset \bigcup_{\lambda\in\Lambda} U_\lambda$$

であるので，近傍の公理の条件 (N3) により $\displaystyle\bigcup_{\lambda\in\Lambda} U_\lambda$ は P の近傍である．P は任意に選んだので，$\displaystyle\bigcup_{\lambda\in\Lambda} U_\lambda$ は X の開集合である．■

位相空間 X において，開集合の補集合は閉集合であり，閉集合の補集合は開集合である，ということを用いれば，次のこともわかる（証明は省略）．

- X の部分集合 V_1, V_2 が X の閉集合ならば，$V_1 \cup V_2$ も X の閉集合である．
- X の部分集合の族 $(V_\lambda)_{\lambda \in \Lambda}$ において，すべての $\lambda \in \Lambda$ に対して V_λ が X の閉集合ならば，$\displaystyle\bigcap_{\lambda \in \Lambda} V_\lambda$ も X の閉集合である．

近傍と開集合との関係について，もう少し考えておこう．

基本 例題 3.8

X は位相空間とする．X の点 P と X の部分集合 V に対して，次の2つの条件 (a), (b) を考える．

(a)　V は P の近傍である．

(b)　ある開集合 U が存在し，$\mathrm{P} \in U \subset V$ が成り立つ．

このとき，「(a) ⇒ (b)」が成り立つことを次の手順にしたがって示せ．

(1)　V は P の近傍とする．V の内点全体のなす集合を U とおくとき

$$\mathrm{P} \in U \subset V$$

が成り立つことを示せ．

(2)　U に属する点 Q を任意に選ぶ．このとき，Q のある近傍 W が存在して，W に属する任意の点 R に対して，V は R の近傍であり，$\mathrm{R} \in U$ となることを示せ．

(3)　$\mathrm{Q} \in W \subset U$ が成り立つことを示せ．

(4)　U は Q の近傍であることを示せ．

(5)　U は開集合であることを示せ．

(6)　「(a) ⇒ (b)」が成り立つことを示せ．

【解答】 (1) V はPの近傍であるので，PはV の内点である．よって，U の定め方より，$\mathrm{P} \in U$ が成り立つ．また，U の任意の点はV の内点であるので，その点はV に属する．よって，$U \subset V$ が成り立つ．

(2) $\mathrm{Q} \in U$ より，QはV の内点である．したがって，V はQの近傍である．近傍の公理の条件 (N5) をV とQに対して適用すれば，Qの近傍W が存在して，W に属する任意の点Rに対して，V はRの近傍である．このとき，RはV の内点である．したがって，U の定め方より，$\mathrm{R} \in U$ となる．

(3) W はQの近傍であるので，$\mathrm{Q} \in W$ が成り立つ．また，小問 (2) より，W の任意の点Rに対して$\mathrm{R} \in U$ が成り立つので，$W \subset U$ である．

(4) W はQの近傍であり，$W \subset U$ であるので，近傍の公理の条件 (N3) により，U はQの近傍である．

(5) U の任意の点Qに対して，U はQの近傍であるので，QはU の内点である．したがって，U は開集合である．

(6) 小問 (1) と小問 (5) よりしたがう．

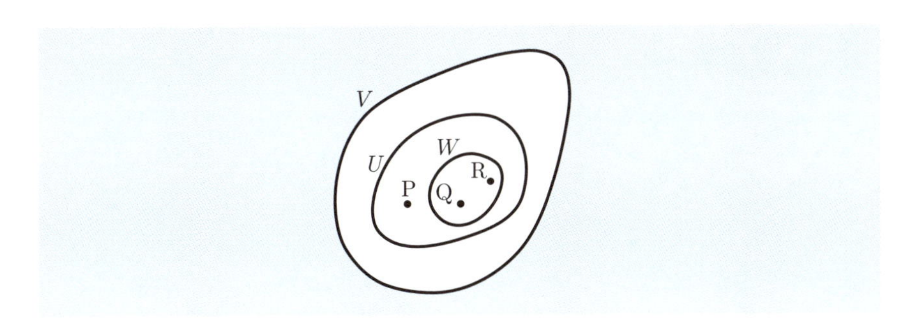

■

問 3.8　基本例題 3.8 の状況において，「(b) ⇒ (a)」が成り立つことを示せ．

3.6 開集合の公理

3.4節と3.5節において，近傍の公理を用いて，位相空間を定義した．引き続き，「近傍」という概念をもとにして，「内点」，「外点」，「境界点」，「開集合」，「閉集合」という概念を定義し，次のことが成り立つことを示した．

(Op1) X 自身と空集合 $\emptyset$ は X の開集合である．

(Op2) U_1, U_2 がともに X の開集合ならば，$U_1 \cap U_2$ も X の開集合である．

(Op3) X の部分集合の族 $(U_\lambda)_{\lambda \in \Lambda}$ において，すべての $\lambda \in \Lambda$ に対して U_λ が X の開集合ならば，$\displaystyle\bigcup_{\lambda \in \Lambda} U_\lambda$ も X の開集合である．

また，基本例題3.8の条件 (a) と条件 (b) が同値であることも示した（基本例題3.8，問3.8）．

導入 例題 3.5

太郎君が先生に質問した．

太郎 「先生，本で調べたら，上述の条件 (Op1), (Op2), (Op3) が『開集合の公理』と書かれていました．『集合 X のすべての部分集合について，それが開集合であるかそうでないかが定まっており，(Op1), (Op2), (Op3) が成り立つとき，X を位相空間とよぶ』ということでした．これは，私たちが考えている位相空間とは違うものなのですか？」

先生 「実は同じものです．では，そのことについて考えましょう．」

集合 X の部分集合について，それが開集合であるかそうでないかが定まっており，条件 (Op1), (Op2), (Op3) が成り立つとする．このとき，「近傍」という概念はまだ定義されていないが，「開集合」という概念をもとにして，「近傍」を定義するとしたら，どのように定義すればよいか．

【解答】 基本例題3.8の条件 (b) が成り立つことを近傍の定義として採用すればよい．すなわち，X の点 P と X の部分集合 V に対して，「ある開集合 U が

存在して

$$\mathrm{P} \in U \subset V$$

が成り立つとき，V は P の近傍である」と定義すればよい． ■

確認 例題 3.9

集合 X の部分集合について，それが開集合であるかそうでないかが定まっており，条件 (Op1), (Op2), (Op3) が成り立つとする．X の点 P に対して，導入例題 3.5 の解答のように，「点 P の近傍」を定義したとする．このとき，近傍の公理の条件 (N1) から (N5) までが成り立つことを示せ．

【解答】 (N1)　条件 (Op1) より，X は開集合である．そこで，$U = X$ とおけば，U は開集合であり，$\mathrm{P} \in U \subset X$ をみたすので，X は点 P の近傍である．

(N2)　V が点 P の近傍であるとき，ある開集合 U が存在して $\mathrm{P} \in U \subset V$ が成り立つので，特に $\mathrm{P} \in V$ である．

(N3)　V が点 P の近傍であるとき，ある開集合 U が存在して $\mathrm{P} \in U \subset V$ が成り立つ．したがって，W が V を含むならば，$\mathrm{P} \in U \subset W$ が成り立つので，W もまた点 P の近傍である．

(N4)　V_1, V_2 がともに点 P の近傍であるとする．このとき，ある開集合 U_1, U_2 が存在して

$$\mathrm{P} \in U_1 \subset V_1, \quad \mathrm{P} \in U_2 \subset V_2$$

が成り立つ．このとき，条件 (Op2) より，$U_1 \cap U_2$ は開集合であり

$$\mathrm{P} \in U_1 \cap U_2 \subset V_1 \cap V_2$$

が成り立つので，$V_1 \cap V_2$ は点 P の近傍である．

(N5)　V が点 P の近傍であるとき，ある開集合 U が存在して $\mathrm{P} \in U \subset V$ が成り立つ．ここで，$W = U$ とおく．このとき，$\mathrm{P} \in U \subset W$ であるので，W は P の近傍である．また，W（$= U$）の任意の点 Q に対して

$$\mathrm{Q} \in U \subset V$$

となるので，V は点 Q の近傍である．よって，条件 (N5) が成り立つ． ■

基本 例題 3.9

集合 X の部分集合について，それが開集合であるかそうでないかが定まっており，条件 (Op1), (Op2), (Op3) が成り立つとする．X の点 P に対して，導入例題 3.5 の解答のように，「点 P の近傍」を定義したとする．このとき，X の部分集合 U に対して，次の条件 (a), (b) は同値であることを示せ．

(a)　U は開集合である．

(b)　U に属する任意の点 P に対して，U は点 P の近傍である．

【解答】　(a) $\Rightarrow$ (b)　U は開集合であるとし，点 $\mathrm{P} \in U$ を任意に選ぶと

$$\mathrm{P} \in U \subset U$$

が成り立つので，U は点 P の近傍である．

(b) $\Rightarrow$ (a)　U の任意の点 P に対し，U は点 P の近傍であると仮定する．このとき，各点 $\mathrm{P} \in U$ に対して，ある開集合 U_{P} が存在して

$$\mathrm{P} \in U_{\mathrm{P}} \subset U$$

が成り立つ．このとき，U_{P}（$\mathrm{P} \in U$）の合併集合 $\bigcup_{\mathrm{P} \in U} U_{\mathrm{P}}$ は U の部分集合である．また，U の任意の点 Q に対し

$$\mathrm{Q} \in U_{\mathrm{Q}} \subset \bigcup_{\mathrm{P} \in U} U_{\mathrm{P}}$$

が成り立つので

$$\bigcup_{\mathrm{P} \in U} U_{\mathrm{P}} = U$$

となる．条件 (Op3) より $\bigcup_{\mathrm{P} \in U} U_{\mathrm{P}}$，すなわち，$U$ は開集合である．　■

位相空間を論じるにあたって，2 つの流れがあったことを確認しておこう．

(I) 「近傍」をもとにして，「開集合」を定義する流れ．

定義 3.7 → 定義 3.10 (1) → 基本例題 3.7 → 基本例題 3.8，問 3.8．

(II) 「開集合」をもとにして，「近傍」を定義する流れ．

導入例題 3.5 → 確認例題 3.9 → 基本例題 3.9．

「近傍」をもとにして「開集合」を定義しても，「開集合」をもとにして「近傍」を定義しても，実質的に同じことである．したがって，次のように位相空間を定義することもできる．

定義 3.11 X は空集合でない集合とする．X の部分集合について，それが開集合であるかそうでないかが定まっており，次の 3 つの条件 (Op1), (Op2), (Op3) が成り立つとする．

(Op1) X 自身と空集合 $\emptyset$ は X の開集合である．

(Op2) U_1, U_2 が X の開集合ならば，$U_1 \cap U_2$ も X の開集合である．

(Op3) X の部分集合の族 $(U_\lambda)_{\lambda \in \Lambda}$ において，すべての $\lambda \in \Lambda$ に対して U_λ が X の開集合ならば，$\displaystyle\bigcup_{\lambda \in \Lambda} U_\lambda$ も X の開集合である．

このとき，X は**位相空間**であるという．

定義 3.11 における条件 (Op1) から条件 (Op3) までを総称して**開集合の公理**とよぶ．

定義 3.12 開集合の公理を用いて位相空間を定義した場合，X の点 P と X の部分集合 V に対して，ある開集合 U が存在して

$$\mathrm{P} \in U \subset V$$

が成り立つとき，V は点 P の**近傍**であるという．

まとめておこう．

Point

- 近傍の公理を用いて位相空間を定義しても，開集合の公理を用いて位相空間を定義しても，それは同じことである．
- 位相空間 X の部分集合 U が開集合であることと，「U に属する任意の点 P に対して，U が点 P の近傍である」ということは同値である．
- 位相空間 X の部分集合 V が点 P の近傍であることと，「ある開集合 U が存在して $\mathrm{P} \in U \subset V$ が成り立つ」ということは同値である．

3.7 連続写像と同相写像

次に，2つの位相空間の間の連続写像を定義しよう．

定義 3.13 X, Y は位相空間とし，$f\colon X \to Y$ は写像とする．

(1) P は X の点とする．写像 $f\colon X \to Y$ が点 P において**連続**であるとは，点 $f(\mathrm{P})$ の Y における近傍 W を任意に与えたとき，その W に応じて，点 P の X における近傍 V が存在し

$$f(V) \subset W$$

が成り立つことをいう．

(2) 任意の点 $\mathrm{P} \in X$ において写像 f が連続であるとき，f は**連続写像**である（**連続**である）という．

確認 例題 3.10

X, Y は位相空間とする．$f\colon X \to Y$ は写像とし，P は X の点とする．このとき，次の 2 つの条件 (a), (b) は同値であることを示せ．

(a) 写像 $f\colon X \to Y$ は点 P において連続である．

(b) 点 $f(\mathrm{P})$ の Y における近傍 W を任意に与えたとき，W の f による逆像 $f^{-1}(W)$ は点 P の X における近傍である．

【解答】 (a) $\Rightarrow$ (b) 点 $f(\mathrm{P})$ の Y における近傍 W を任意にとる．f は点 P において連続であるので，点 P の X における近傍 V が存在して

$$f(V) \subset W$$

が成り立つ．このとき，確認例題 1.18 (2) により

$$V \subset f^{-1}(W)$$

が成り立つ．V は点 P の近傍であるので，V を含む集合 $f^{-1}(W)$ もまた点 P の近傍である．よって，「(a) $\Rightarrow$ (b)」が示された．

(b) $\Rightarrow$ (a) 点 $f(\mathrm{P})$ の Y における近傍 W を任意にとる．このとき，条件 (b) より，$f^{-1}(W)$ は点 P の X における近傍である．そこで

$$V = f^{-1}(W)$$

とおくと

$$f(V) \subset W$$

が成り立つ．よって，「(b) $\Rightarrow$ (a)」が示された． ■

基本 例題 3.10

X, Y は位相空間とし，$f: X \to Y$ は写像とする．次の 2 つの条件 (a), (b) は同値であることを示せ．

(a) f は連続写像である．

(b) Y の任意の開集合 U に対して，$f^{-1}(U)$ は X の開集合である．

【解答】 (a) ⇒ (b) f は連続写像であると仮定する．Y の開集合 U を任意に選び，$f^{-1}(U)$ が X の開集合であることを示す．

$\mathrm{P} \in f^{-1}(U)$ を任意に選ぶ．このとき，$f(\mathrm{P}) \in U$ であり，U は Y の開集合であるので，U は $f(\mathrm{P})$ の Y における近傍である．f は点 P において連続であるので，確認例題 3.10 により，$f^{-1}(U)$ は P の X における近傍である．P は $f^{-1}(U)$ の任意の点であるので，$f^{-1}(U)$ は X の開集合である．

(b) ⇒ (a) 条件 (b) が成り立つと仮定する．X の点 P を任意に選び，W を $f(\mathrm{P})$ の Y における任意の近傍とすると，Y のある開集合 U が存在して

$$f(\mathrm{P}) \in U \subset W$$

が成り立つ．このとき，$\mathrm{P} \in f^{-1}(U)$ であり

$$f^{-1}(U) \subset f^{-1}(W)$$

が成り立つ（確認例題 1.18 (1) 参照）．条件 (b) より，$f^{-1}(U)$ は X の開集合であるので，$f^{-1}(W)$ は点 P の X における近傍である．よって，確認例題 3.10 により，f は点 P において連続である．P は X の任意の点であったので，f は連続写像である． ■

問 3.9 基本例題 3.10 の状況において，さらに次の条件 (c) を考える．

(c) Y の任意の閉集合 V に対して，$f^{-1}(V)$ は X の閉集合である．

このとき，「(b) ⇔ (c)」が成り立つことを示せ．

基本例題 3.10 と問 3.9 によって示されたことをまとめておこう．

Point　X, Y は位相空間とし，$f\colon X \to Y$ は写像とする．次の 3 つの条件 (a), (b), (c) は同値である．

(a)　f は連続写像である．

(b)　Y の任意の開集合 U に対して，$f^{-1}(U)$ は X の開集合である．

(c)　Y の任意の閉集合 V に対して，$f^{-1}(V)$ は X の閉集合である．

したがって，上の条件 (b) や条件 (c) が成り立つことを，$f\colon X \to Y$ が連続写像であることの定義とすることもできる．

最後に，「同相写像」という概念を定義しよう．

定義 3.14　X, Y は位相空間とする．

(1)　写像 $f\colon X \to Y$ が次の 3 つの条件 (a), (b), (c) をすべてみたすとき，f は**同相写像**であるという．

(a)　f は全単射である．

(b)　f は連続写像である．

(c)　逆写像 f^{-1} も連続写像である．

(2)　X から Y への同相写像が存在するとき，X と Y は**同相**であるという．

くわしい説明は省略するが，X と Y が同相であるとき，X と Y の位相空間としての構造は同じであると考えられる．

位相空間や，それらの間の連続写像という概念に到達したところで，この章を終えることにしよう．

第3章　演習問題

3.1　X は位相空間とし，$f\colon X \to \mathbb{R}$ は連続関数とする．ここで，$\mathbb{R}$ は通常の距離によって位相空間とみる．

(1)　集合 $\{0\}$ は $\mathbb{R}$ の閉集合であることを示せ．

(2)　X の部分集合

$$V = \{\mathrm{P} \in X \mid f(\mathrm{P}) = 0\}$$

は X の閉集合であることを示せ．

3.2　X は空集合でない集合とする．

(1)　X のすべての部分集合を開集合と定めることにより，X は位相空間となることを示せ（このようなとき，「X には**離散位相**が定まっている」という）．

(2)　X 自身と空集合のみ開集合であり，その他の部分集合は開集合でないと定めることにより，X は位相空間となることを示せ（このようなとき，「X には**密着位相**が定まっている」という）．

3.3　位相空間 X が次の条件 (H) をみたすとき，X は**ハウスドルフ空間**とよばれる．

(H)　X の異なる 2 点 P, Q を任意にとるとき，点 P の近傍 V，および点 Q の近傍 V' であって

$$V \cap V' = \emptyset$$

をみたすものが存在する．

いま，(X, d) は距離空間とする．このとき，(X, d) の定める位相空間はハウスドルフ空間であることを示せ．

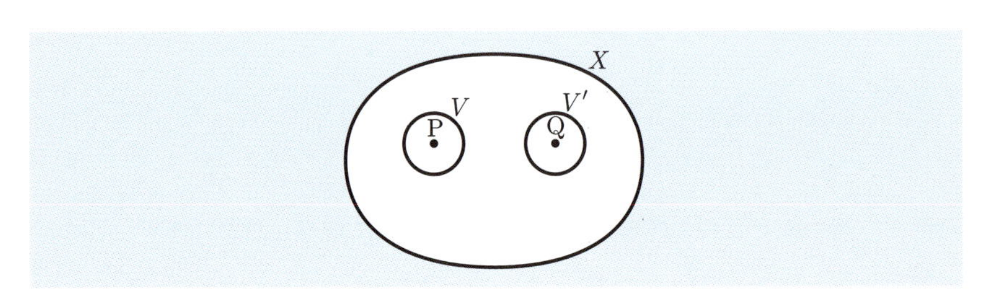

3.4　基本例題 3.6 の位相空間 X はハウスドルフ空間でないことを示し，この X はどんな距離空間からも定まらないことを示せ．

付録 実数の連続性をめぐって

第１章から第３章において述べなかったことがらのうち，解析学の基礎をなす「実数の連続性」とよばれる性質に関連するものをまとめておく．

A.1 距離空間における点列の収束と有界性

定義 A.1 (X,d) は距離空間とする．X 内の点列 $(\mathrm{P}_n)_{n\in\mathbb{N}}$ $(\mathrm{P}_n \in X,\ n \in \mathbb{N})$ が X 内の点 P に収束するとは，正の実数 ε を任意に与えたとき，その ε に応じて，ある自然数 N が存在し，$n \geq N$ をみたすすべての自然数 n に対して $d(\mathrm{P}_n, \mathrm{P}) < \varepsilon$ が成り立つことをいう．

定義 A.2 (X,d) は距離空間とし，O は X の点とする．X 内の点列 $(\mathrm{P}_n)_{n\in\mathbb{N}}$ が**有界**であるとは，ある正の実数 M が存在して，任意の自然数 n に対して

$$d(\mathrm{P}_n, \mathrm{O}) \leq M$$

が成り立つことをいう．

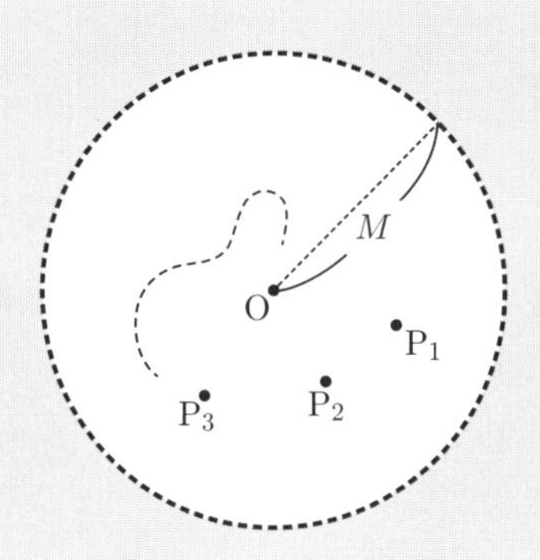

定義 A.2 において，「点列 $(\mathrm{P}_n)_{n\in\mathbb{N}}$ が有界である」という概念は，点 $\mathrm{O} \in X$ の選び方によらない．

定理 A.1 距離空間 (X, d) において，X 内の点列 $(\mathrm{P}_n)_{n\in\mathbb{N}}$ は点 $\mathrm{P} \in X$ に収束するとする．このとき，点列 $(\mathrm{P}_n)_{n\in\mathbb{N}}$ は有界である．

定理 A.1 の逆は必ずしも成り立たない．

A.2 コーシー列と完備性

定義 A.3 (X, d) は距離空間とする．X 内の点列 $(\mathrm{P}_n)_{n\in\mathbb{N}}$ が**コーシー列**であるとは，正の実数 ε を任意に与えたとき，その ε に応じて，ある自然数 N が存在し，$m \geq N$, $n \geq N$ をみたすすべての自然数 m, n に対して

$$d(\mathrm{P}_m, \mathrm{P}_n) < \varepsilon$$

が成り立つことをいう．

定理 A.2 距離空間 (X, d) において，X 内の点列 $(\mathrm{P}_n)_{n\in\mathbb{N}}$ は点 $\mathrm{P} \in X$ に収束するとする．このとき，この点列はコーシー列である．

定理 A.2 の逆は必ずしも成り立たない．

定義 A.4 距離空間 (X, d) が**完備**であるとは，X 内の任意のコーシー列が X のある点に収束することをいう．

A.3 実数の連続性

次の定理は非常に重要である．

定理 A.3 距離空間 $(\mathbb{R}, d)$ は完備である．ここで，d は $\mathbb{R}$ の通常の距離とする．

この定理は，**実数の連続性**とよばれる事実の 1 つの表現である．この定理がなぜ成り立つのかを述べようとすると，「実数とは何か」ということにさかのぼらなければならないので，本書では省略する．

例 A.1　d を通常の距離とするとき，距離空間 $(\mathbb{Q}, d)$ は完備でない．実際

$$\sqrt{2} = 1.41421356\cdots$$

に収束する有理数の数列 $(a_n)_{n\in\mathbb{N}}$ を次のように定める．

$$a_1 = 1,\ a_2 = 1.4,\ a_3 = 1.41,\ a_4 = 1.414,\ a_5 = 1.4142,\ \ldots \tag{A.1}$$

このとき，$(a_n)_{n\in\mathbb{N}}$ はコーシー列であるが，$\mathbb{Q}$ 内では収束しない．

「$(\mathbb{R}, d)$（d は通常の距離）が完備である」とは，いわば，実数全体の集合 $\mathbb{R}$ が「切れ目なく続いている集合」であることを意味する．そういうわけで，この事実を「実数の連続性」とよぶ．

次の定理 A.4 は定理 A.3 と同値であることが知られている．

定理 A.4　実数の数列 $(a_n)_{n\in\mathbb{N}}$ が次の 2 つの条件 (a), (b) をみたすとする．
(a)　任意の自然数 k に対して $a_k \leq a_{k+1}$ が成り立つ．
(b)　ある実数 M が存在して，任意の自然数 k に対して $a_k \leq M$ が成り立つ．
このとき，数列 $(a_n)_{n\in\mathbb{N}}$ は，ある実数 a に収束する．

例 A.2　有理数からなる数列 $(a_n)_{n\in\mathbb{N}}$ を例 A.1 の式 (A.1) のように定めると，$(a_n)_{n\in\mathbb{N}}$ は定理 A.4 の条件 (a), (b) をみたすが，有理数の範囲内では収束しない．

定義 A.5　A は $\mathbb{R}$ の空集合でない部分集合とする．
(1)　実数 x が A の**上界**であるとは，A に属する任意の実数 a に対して

$$x \geq a$$

が成り立つことをいう．A に上界が存在するとき，A は**上に有界**であるという．
(2)　実数 x が A の**下界**（かかい）であるとは，A に属する任意の実数 a に対して

$$x \leq a$$

が成り立つことをいう．A に下界が存在するとき，A は**下に有界**であるという．

定義 A.6 B は $\mathbb{R}$ の空集合でない部分集合とする．

(1) 実数 M が次の 2 つの条件 (a), (b) をみたすとき，M は B の**最大値**であるという．

(a) $M \in B$ である．

(b) M は B の上界である．

(2) 実数 m が次の 2 つの条件 (a), (b) をみたすとき，m は B の**最小値**であるという．

(a) $M \in B$ である．

(b) m は B の下界である．

定義 A.7 A は $\mathbb{R}$ の空集合でない部分集合とする．

(1) A は上に有界であるとし，A の上界全体の集合を B とする．B に最小値 m が存在するとき，この m を A の**上限**とよぶ．

(2) A は下に有界であるとし，A の下界全体の集合を C とする．C に最大値 M が存在するとき，この M を A の**下限**とよぶ．

例 A.3 $A = \{a \in \mathbb{R} \mid a^2 < 2\}$ とすると，A は上に有界である．A には上限 $\sqrt{2}$ が存在するが，A には最大値は存在しない．

次の定理 A.5 も定理 A.3 と同値であることが知られている．

定理 A.5 A は $\mathbb{R}$ の空集合でない部分集合とする．

(1) A が上に有界ならば，A には上限が存在する．

(2) A が下に有界ならば，A には下限が存在する．

定理 A.3，定理 A.4，定理 A.5 などを用いると，次の定理を証明することができる．

定理 A.6　$f\colon \mathbb{R} \to \mathbb{R}$ は連続関数とし，$\mathbb{R}$ の空集合でない部分集合 A は，次の 2 つの条件 (a), (b) をみたすとする．

(a)　A は $\mathbb{R}$ の閉集合である．

(b)　A は上に有界であり，かつ，下に有界である．

このとき，像 $f(A)$ には最大値と最小値が存在する．

定理 A.6 の 2 つの条件 (a), (b) をみたす集合については，さらに一般化して，「**コンパクト**な位相空間」という重要な概念にまで到達するが，本書ではそれを述べることができない．

A.4　有理数の稠密性

定義 A.8　X は位相空間とし，Y は X の部分集合とする．Y を含むような X の閉集合が X 自身以外に存在しないとき，Y は X 内で**稠密**であるという．

定理 A.7　$\mathbb{R}$ を通常の距離によって位相空間とみる．このとき，$\mathbb{Q}$ は $\mathbb{R}$ 内で稠密である．

定理 A.7 を用いると，たとえば，次の定理を証明することができる．

定理 A.8　$f\colon \mathbb{R} \to \mathbb{R}$ は連続関数とする．任意の有理数 a に対して $f(a) = 0$ ならば，f は恒等的に 0 である．

実際，$f^{-1}(0)$ は $\mathbb{R}$ の閉集合であって，$\mathbb{Q}$ を含むので，$f^{-1}(0) = \mathbb{R}$ である．

問題解答

第1章

問 1.1　たとえば，$Z = \{2n-1 \mid n \in \mathbb{N}\}$ と表される．

問 1.2　Z は 3^n 個の元からなる．

問 1.3　(1)　左が重いか（l），右が重いか（r），つり合うか（e）の 3 つの状態を 1 回目から 3 回目まで順に並べ，カッコでくくって表すことにする．$g(h_1) = (l,l,e)$, $g(h_2) = (l,r,e)$, $g(h_3) = (l,e,e)$, $g(h_4) = (r,l,e)$, $g(h_5) = (r,r,e)$, $g(h_6) = (r,e,e)$, $g(h_7) = (e,l,e)$, $g(h_8) = (e,r,e)$, $g(h_9) = (e,e,l)$, $g(h_{10}) = (e,e,r)$.

(2)　この手順によって天秤を 3 回使ったとき，どのボールが重いのかを完全に特定できることを意味する．

問 1.4　(1)　単射ではない．実際，$g(1) = g(-1) = 1$ である．

(2)　全射ではない．実際，$g(x) = -1$ をみたす実数 x は存在しない．

問 1.5　X の任意の元 x は $x = 4a + 6b$（$a, b \in \mathbb{Z}$）と表される．このとき

$$x = 2(2a+3b) \in Y \quad (2a+3b \in \mathbb{Z})$$

が成り立つので，$X \subset Y$ である．

問 1.6　(1)　$B \cup C = \{1,2,3,5,10,15\}$ より $A \cap (B \cup C) = \{1,2,3\}$.

(2)　$A \cap B = \{1,2\}$, $A \cap C = \{1,3\}$ より $(A \cap B) \cup (A \cap C) = \{1,2,3\}$.

(3)　$B \cap C = \{1,5\}$ より $A \cup (B \cap C) = \{1,2,3,5,6\}$.

(4)　$A \cup B = \{1,2,3,5,6,10\}$, $A \cup C = \{1,2,3,5,6,15\}$ より $(A \cup B) \cap (A \cup C) = \{1,2,3,5,6\}$.

問 1.7　$x \in A \cup (B \cap C)$ とすると

$$x \in A \quad \text{または} \quad x \in B \cap C$$

が成り立つ．$x \in A$ ならば $x \in A \cup B$ であり，$X \in B \cap C$ ならば $x \in B$ より $x \in A \cup B$ が成り立つ．いずれにせよ，$x \in A \cup B$ である．

同様に，$x \in A$ ならば $x \in A \cup C$ であり，$X \in B \cap C$ ならば $x \in C$ より $x \in A \cup C$ が成り立つ．いずれにせよ，$x \in A \cup C$ である．よって

$$x \in A \cup B \quad \text{かつ} \quad x \in A \cup C$$

が成り立つので，$A \cup (B \cap C) \subset (A \cup B) \cap (A \cup C)$ となる．

また，$y \in (A \cup B) \cap (A \cup C)$ とすると

$$y \in A \cup B \quad かつ \quad y \in A \cup C$$

が成り立つ．

$y \in A$ ならば，$y \in A \cup (B \cap C)$ が成り立つ．

そこで，$y \notin A$ とする．このとき，$y \in A \cup B$ であるが，$y \notin A$ であるので，$y \in B$ である．同様に，$y \in A \cup C$ であるが，$y \notin A$ であるので，$y \in C$ である．したがって，$y \in B \cap C$ が成り立ち，$y \in A \cup (B \cap C)$ がしたがう．よって，$y \in A$ の場合も $y \notin A$ の場合も $y \in A \cup (B \cap C)$ が成り立つので，$A \cup (B \cap C) \supset (A \cup B) \cap (A \cup C)$ となる．

以上のことより，求める等式が得られる．

問 1.8　2つの集合はどちらも次のように表されるので，両者は等しい．

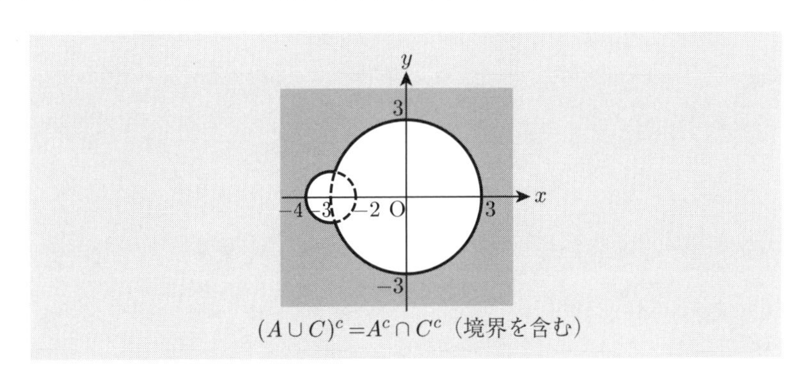

$(A \cup C)^c = A^c \cap C^c$（境界を含む）

問 1.9　X の元 x について，次が成り立つ．

$$\begin{aligned}
&x \in (A \cup B)^c \\
&\Leftrightarrow「x が少なくとも A または B に属する」ということはない \\
&\Leftrightarrow x は A にも B にも属さない \Leftrightarrow x \notin A かつ x \notin B \\
&\Leftrightarrow x \in A^c かつ x \in B^c \Leftrightarrow x \in A^c \cap B^c.
\end{aligned}$$

したがって，$(A \cup B)^c = A^c \cap B^c$ が成り立つ．

問 1.10　次ページの上の図のように表される．

問 1.11　$A \setminus B = \{3, 6\}$, $B \setminus A = \{5, 10\}$.

問 1.12　「サイコロ A の目が i，B の目が j，C の目が k」という組合せを (i, j, k) と表す（$1 \leq i \leq 6$, $1 \leq j \leq 6$, $1 \leq k \leq 6$）．3つのサイコロの目の組合せ全体からなる集合は次のように表される．

$$\{(i, j, k) \mid i, j, k \in \mathbb{N},\ 1 \leq i \leq 6,\ 1 \leq j \leq 6,\ 1 \leq k \leq 6\}.$$

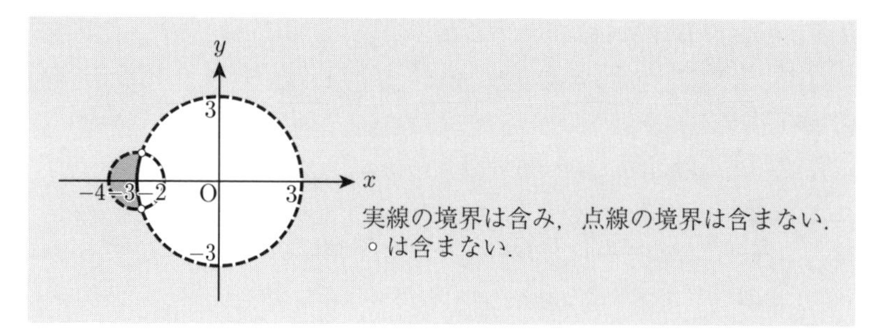

問 1.13　$A = \{l, r, e\}$.

問 1.14　任意の自然数 n に対して，$|0| < \dfrac{1}{n}$ であるので，$0 \in \displaystyle\bigcap_{n=1}^{\infty} Y_n$ である．一方，x を 0 でない実数とすると，自然数 m を

$$m \geq \left|\frac{1}{x}\right|$$

となるように選べば

$$|x| \geq \frac{1}{m}$$

が成り立つので，$x \notin Y_m$ である．したがって，$x \notin \displaystyle\bigcap_{n=1}^{\infty} Y_n$ である．以上のことより，求める等式が得られる．

問 1.15

$$\begin{array}{cccccc} g \circ f & : & X & \to & Z \\ & & \Psi & & \Psi \\ & & 1 & \mapsto & 9 \\ & & 2 & \mapsto & 10 \\ & & 3 & \mapsto & 11 \\ & & 4 & \mapsto & 9. \end{array}$$

問 1.16　$g \circ f(1) = 8$, $g \circ f(2) = 9$, $g \circ f(3) = 10$ であるので，X の異なる元は $g \circ f$ によって異なる元にうつされる．よって，$g \circ f$ は単射である．一方，$g(4) = g(7) = 8$ であるので，g は単射でない．

問 1.17　Z の 3 つの元 9, 10, 11 に対して

$$9 = g \circ f(1) = g \circ f(4), \quad 10 = g \circ f(2), \quad 11 = g \circ f(3)$$

となるので，$g \circ f$ は全射である．一方，Y の元 8 に対して $f(x) = 8$ となる X の元 x は存在しないので，f は全射でない．

問 1.18

$$
\begin{array}{cccc}
f^{-1} & : Y & \to & X \\
 & \Psi & & \Psi \\
 & a & \mapsto & 1 \\
 & b & \mapsto & 3 \\
 & c & \mapsto & 2.
\end{array}
$$

問 1.19 $f^{-1} \circ f = \mathrm{id}_X$ であることは，次のように確かめられる．

$$
\begin{aligned}
f^{-1} \circ f(1) &= f^{-1}(a) = 1 = \mathrm{id}_X(1), \\
f^{-1} \circ f(2) &= f^{-1}(c) = 2 = \mathrm{id}_X(2), \\
f^{-1} \circ f(3) &= f^{-1}(b) = 3 = \mathrm{id}_X(3).
\end{aligned}
$$

同様に，$f \circ f^{-1} = \mathrm{id}_Y$ であることは，次のように確かめられる．

$$
\begin{aligned}
f \circ f^{-1}(a) &= f(1) = a = \mathrm{id}_Y(a), \\
f \circ f^{-1}(b) &= f(3) = b = \mathrm{id}_Y(b), \\
f \circ f^{-1}(c) &= f(2) = c = \mathrm{id}_Y(c).
\end{aligned}
$$

問 1.20 $g(X) = \{b, c\}$, $g(A) = \{b, c\}$, $g(B) = \{b\}$.

問 1.21 $g(A_1) = g(A_2) = \{b, c\}$ より $g(A_1) \cap g(A_2) = \{b, c\}$ であるが，$A_1 \cap A_2 = \{1, 3\}$ より $g(A_1 \cap A_2) = \{b\}$ である．

問 1.22 (1) $f\left(\bigcup_{\lambda \in \Lambda} A_\lambda\right)$ の任意の元 y をとると，ある $x \in \bigcup_{\lambda \in \Lambda} A_\lambda$ が存在して，$y = f(x)$ をみたす．このとき，ある $\mu \in \Lambda$ が存在して $x \in A_\mu$ となるので

$$
y = f(x) \in f(A_\mu) \subset \bigcup_{\lambda \in \Lambda} f(A_\lambda)
$$

が成り立つ．このことより

$$
f\left(\bigcup_{\lambda \in \Lambda} A_\lambda\right) \subset \bigcup_{\lambda \in \Lambda} f(A_\lambda)
$$

が得られる．また，$\bigcup_{\lambda \in \Lambda} f(A_\lambda)$ の任意の元 v をとると，ある $\nu \in \Lambda$ が存在して $v \in f(A_\nu)$ となる．このとき，ある $u \in A_\nu$ に対して $v = f(u)$ となる．ここで

$$
u \in A_\nu \subset \bigcup_{\lambda \in \Lambda} A_\lambda
$$

であることに注意すれば

$$v = f(u) \in f\left(\bigcup_{\lambda \in \Lambda} A_\lambda\right)$$

が成り立つことがわかる．このことより

$$\bigcup_{\lambda \in \Lambda} f(A_\lambda) \subset f\left(\bigcup_{\lambda \in \Lambda} A_\lambda\right)$$

が得られる．以上のことをあわせれば，求める等式が得られる．

(2) $f\left(\bigcap_{\lambda \in \Lambda} A_\lambda\right)$ の任意の元 y をとると，ある $x \in \bigcap_{\lambda \in \Lambda} A_\lambda$ が存在して，$y = f(x)$ をみたす．このとき，任意の $\lambda \in \Lambda$ に対して $x \in A_\lambda$ となるので，任意の $\lambda \in \Lambda$ に対して

$$y = f(x) \in f(A_\lambda)$$

が成り立つ．よって，$y \in \bigcap_{\lambda \in \Lambda} f(A_\lambda)$ となる．このことより

$$f\left(\bigcap_{\lambda \in \Lambda} A_\lambda\right) \subset \bigcap_{\lambda \in \Lambda} f(A_\lambda)$$

が得られる．

問 1.23 (1) $g^{-1}(Z) = \{1, 3, 4\}$. (2) $g^{-1}(b) = \{1, 3, 4\}$.

(3) $g(x) = a$ となる $x \in X$ は存在しないので，$g^{-1}(a) = \emptyset$.

問 1.24 (1) $g^{-1}(B_1) = \{1, 3, 4\}$, $g^{-1}(B_2) = \{2, 5\}$.

(2) $B_1 \cup B_2 = \{a, b, c\}$, $g^{-1}(B_1 \cup B_2) = \{1, 2, 3, 4, 5\}$ である．

一方，$g^{-1}(B_1) \cup g^{-1}(B_2) = \{1, 2, 3, 4, 5\}$ である．

(3) $B_1 \cap B_2 = \{a\}$ である．このとき，$g(x) = a$ となる $x \in X$ は存在しないので，$g^{-1}(B_1 \cap B_2) = \emptyset$ である．

一方，$g^{-1}(B_1) \cap g^{-1}(B_2) = \emptyset$ である．

問 1.25 $x \in X$ に対して，次のことが成り立つことよりしたがう．

$$\begin{aligned} x \in f^{-1}(Y \setminus B) &\Leftrightarrow f(x) \in Y \setminus B \Leftrightarrow f(x) \notin B \\ &\Leftrightarrow x \notin f^{-1}(B) \Leftrightarrow x \in X \setminus f^{-1}(B). \end{aligned}$$

問 1.26 (1) $f^{-1}\left(\bigcup_{\lambda \in \Lambda} B_\lambda\right)$ の任意の元 x をとると，$f(x) \in \bigcup_{\lambda \in \Lambda} B_\lambda$ である．よって，ある $\mu \in \Lambda$ が存在して，$f(x) \in B_\mu$ となる．したがって

$$x \in f^{-1}(B_\mu) \subset \bigcup_{\lambda \in \Lambda} f^{-1}(B_\lambda)$$

が成り立つ．よって，$f^{-1}\left(\bigcup_{\lambda \in \Lambda} B_\lambda\right) \subset \bigcup_{\lambda \in \Lambda} f^{-1}(B_\lambda)$ である．

また，$\bigcup_{\lambda \in \Lambda} f^{-1}(B_\lambda)$ の任意の元 u をとると，ある $\nu \in \Lambda$ が存在して，$u \in f^{-1}(B_\nu)$ をみたす．このとき

$$f(u) \in B_\nu \subset \bigcup_{\lambda \in \Lambda} B_\lambda$$

が成り立つので，$u \in f^{-1}\left(\bigcup_{\lambda \in \Lambda} B_\lambda\right)$ となる．よって

$$\bigcup_{\lambda \in \Lambda} f^{-1}(B_\lambda) \subset f^{-1}\left(\bigcup_{\lambda \in \Lambda} B_\lambda\right)$$

である．以上のことをあわせれば，求める等式が得られる．

(2)　$f^{-1}\left(\bigcap_{\lambda \in \Lambda} B_\lambda\right)$ の任意の元 x をとると，$f(x) \in \bigcap_{\lambda \in \Lambda} B_\lambda$ である．よって，任意の $\lambda \in \Lambda$ に対して

$$f(x) \in B_\lambda \quad \text{すなわち} \quad x \in f^{-1}(B_\lambda)$$

が成り立つ．このことより

$$x \in \bigcap_{\lambda \in \Lambda} f^{-1}(B_\lambda)$$

が得られ，$f^{-1}\left(\bigcap_{\lambda \in \Lambda} B_\lambda\right) \subset \bigcap_{\lambda \in \Lambda} f^{-1}(B_\lambda)$ であることがわかる．

また，$\bigcap_{\lambda \in \Lambda} f^{-1}(B_\lambda)$ の任意の元 u をとると，任意の $\lambda \in \Lambda$ に対して

$$u \in f^{-1}(B_\lambda) \quad \text{すなわち} \quad f(u) \in B_\lambda$$

が成り立つ．このことより

$$f(u) \in \bigcap_{\lambda \in \Lambda} B_\lambda \quad \text{すなわち} \quad u \in f^{-1}\left(\bigcap_{\lambda \in \Lambda} B_\lambda\right)$$

が得られ，$\bigcap_{\lambda \in \Lambda} f^{-1}(B_\lambda) \subset f^{-1}\left(\bigcap_{\lambda \in \Lambda} B_\lambda\right)$ が成り立つことがわかる．

以上のことをあわせれば，求める等式が得られる．

▶演習問題解答

1.1 (1) $X = \{1_+, 1_-, 2_+, 2_-, 3_+, 3_-\}$.

(2) $f(1_+) = (l, l)$, $f(1_-) = (r, r)$, $f(2_+) = (r, e)$, $f(2_-) = (l, e)$, $f(3_+) = (e, r)$, $f(3_-) = (e, l)$.

(3) X の異なる元が f によって Y の異なる元に対応することが見てとれるので，f は単射である．異なる事象から異なる結果が生じているので，結果を見れば，その結果がどの事象から生じたかが判定できる．

1.2 (1) $X = \{1_+, 1_-, 2_+, 2_-, 3_+, 3_-, 4_+, 4_-\}$ であり，X は 8 個の元からなる．Y は演習問題 1.1 と同じ集合であるので，9 個の元からなる．

(2) 2 つの場合に分けて考察する．

【場合 1】 1 回目の操作において，天秤の左右にボールを 1 個ずつ乗せる場合．

この場合，「番号 1 のボールを左に乗せ，番号 2 のボールを右に乗せる」と仮定して一般性を失わない．この操作において，天秤がつり合ったとき，その条件のもとで考えられる事象全体の集合を X' とすると

$$X' = \{3_+, 3_-, 4_+, 4_-\}$$

である（番号 1 と 2 は同じ重さであるので，番号 3 か 4 のどちらかの重さが他のボールと異なるはずである）．一方，残りの 1 回の天秤の操作の結果全体の集合を Z とすれば

$$Z = \{l, r, e\}$$

である．X' は 4 個の元からなる集合であり，Z は 3 個の元からなる集合であるので，X' から Z への単射写像は存在しない．したがって，この場合，残り 1 回の操作で，「どのボールが他と重さが異なるのか，また，そのボールが重いのか軽いのか」を判定することはできない．

【場合 2】 1 回目の操作において，天秤の左右にボールを 2 個ずつ乗せる場合．

この場合，「番号 1 と番号 2 のボールを左に乗せ，番号 3 と番号 4 のボールを右に乗せる」と仮定して一般性を失わない．この操作において，左が重かった場合，その条件のもとで考えられる事象全体の集合を X'' とすると

$$X'' = \{1_+, 2_+, 3_-, 4_-\}$$

である（番号 1 と 2 のボールのどちらかが他より重いか，番号 3 と 4 のボールのどちらかが他より軽いか，いずれかである）．この場合も X'' は 4 個の元からなるので，X'' から Z への単射写像は存在しない．したがって，この場合も，残り 1 回の操作で，「どのボールが他と重さが異なるのか，また，そのボールが重いのか軽いのか」を判定することはできない．

1.3 (1) X は 8 個の元からなり，Y は 9 個の元からなる．

(2) 1 回目に番号 0 と番号 1 のボールを左に乗せ，番号 2 と番号 3 のボールを右に乗せる．2 回目の操作は，1 回目の結果に応じて場合分けする．

【場合 1】 1 回目の操作において，左が重かった場合．

この場合，考えられる事象は，$1_+, 2_-, 3_-$ の 3 通りである．そこで，2 回目は，番号 2 のボールを左に，番号 3 のボールを右に乗せる．左が重ければ事象は 3_- であり，右が重ければ事象は 2_- であり，つり合えば事象は 1_+ であると判定できる．

【場合 2】 1 回目の操作において，右が重かった場合．

この場合，考えられる事象は，$1_-, 2_+, 3_+$ の 3 通りである．そこで，2 回目は，番号 2 のボールを左に，番号 3 のボールを右に乗せる．左が重ければ事象は 2_+ であり，右が重ければ事象は 3_+ であり，つり合えば事象は 1_- である．

【場合 3】 1 回目の操作において，つり合った場合．

この場合，考えられる事象は，$4_+, 4_-$ の 2 通りである．そこで，2 回目は，番号 0 のボールを左に，番号 4 のボールを右に乗せる．左が重ければ事象は 4_- であり，右が重ければ事象は 4_+ である．

1.4 (1) 任意の $t \in T$ に対して $U_t \subset X$ であるので，$\displaystyle\bigcup_{t \in T} U_t \subset X$ である．一方，任意の $a \in X$ に対して，$\dfrac{1}{2}a < a < \dfrac{3}{2}a$ であるので

$$a \in U_a \subset \bigcup_{t \in T} U_t$$

が成り立つ．よって，$X \subset \displaystyle\bigcup_{t \in T} U_t$ である．以上のことをあわせれば，求める等式が得られる．

(2) 3 つの条件をみたす集合族 $(V_\lambda)_{\lambda \in \Lambda}$ が存在したとして矛盾を導く．$0 \in X' = \displaystyle\bigcup_{\lambda \in \Lambda} V_\lambda$ であるので，$0 \in V_\mu$ をみたす $\mu \in \Lambda$ が存在する．したがって，ある $a_\mu, b_\mu \in \mathbb{R}$ $(a_\mu < b_\mu)$ が存在して

$$V_\mu = (a_\mu, b_\mu)$$

と表される．このとき，$0 \in V_\mu$ より $a_\mu < 0 < b_\mu$ であるので

$$a_\mu < \frac{1}{2}a_\mu < 0 < b_\mu$$

が成り立つ．したがって

$$\frac{1}{2}a_\mu \in V_\mu, \quad \frac{1}{2}a_\mu \notin X'$$

となる．これは，V_μ が X' の部分集合であることに反する．よって，このような集合族 $(V_\lambda)_{\lambda\in\Lambda}$ は存在しない．

第2章

問 2.1 $\varphi(n) = \dfrac{n}{2}$ $(n \in \mathbb{N})$ とすればよい．

問 2.2 (1) 仮定より，全単射写像 $f\colon X \to Y$, $g\colon Y \to Z$ が存在する．このとき，$g \circ f\colon X \to Z$ も全単射であるので，X と Z は対等である．

(2) X と Y は対等であり，Y と $\mathbb{N}$ は対等であるので，小問 (1) より，X と $\mathbb{N}$ は対等である．よって，X は可算集合である．

問 2.3 (1) $Y = \{y_1, y_2, \ldots, y_k\}$ とする．また，Z のすべての元に番号をつけて，$Z = \{z_1, z_2, z_3, \ldots\}$ と表すことにする．このとき

$$X = \{y_1, y_2, \ldots, y_k, z_1, z_2, z_3, \ldots\}$$

であり，全単射写像 $f\colon \mathbb{N} \to X$ を

$$f(i) = \begin{cases} y_i & (1 \leq i \leq k \text{ のとき}) \\ z_{i-k} & (i \geq k+1 \text{ のとき}) \end{cases} \quad (i \in \mathbb{N})$$

と定めることができる．よって，X は可算集合である．

(2) Y, Z のすべての元にそれぞれ番号をつけて

$$Y = \{y_1, y_2, y_3, \ldots\}, \quad Z = \{z_1, z_2, z_3, \ldots\}$$

と表す．このとき，$X = Y \cup Z$ の元を

$$y_1, z_1, y_2, z_2, y_3, z_3, \ldots$$

と並べ，全単射写像 $g\colon \mathbb{N} \to X$ を

$$g(i) = \begin{cases} y_{\frac{i+1}{2}} & (i \text{ が正の奇数のとき}) \\ z_{\frac{i}{2}} & (i \text{ が正の偶数のとき}) \end{cases} \quad (i \in \mathbb{N})$$

と定めることができるので，X は可算集合である．

問 2.4 Y, Z が可算集合であるので，全単射写像 $g\colon \mathbb{N} \to Y$, $h\colon \mathbb{N} \to Z$ が存在する．このとき，全単射写像 $f\colon \mathbb{N} \times \mathbb{N} \to Y \times Z$ を

$$\begin{array}{ccccc} f & : & \mathbb{N} \times \mathbb{N} & \to & Y \times Z \\ & & \rotatebox{90}{$\in$} & & \rotatebox{90}{$\in$} \\ & & (n_1, n_2) & \mapsto & (g(n_1), h(n_2)) \end{array}$$

と定めることができるので，$Y \times Z$ は $\mathbb{N} \times \mathbb{N}$ と対等である．$\mathbb{N} \times \mathbb{N}$ は可算集合であるので，それと対等な集合 $Y \times Z$ も可算集合である．

問 2.5　X が可算集合ならば，Y はその部分集合であって，無限集合であるので，Y は可算集合となる．実際には Y は非可算集合であるので，X は非可算集合である．

問 2.6　(1)　正の実数 ε を任意に選ぶ．この ε に対して $N > \dfrac{1}{\varepsilon}$ をみたす自然数 N が存在する．このとき，$n \geq N$ をみたすすべての自然数 n に対して

$$|a_n - 0| = \frac{1}{n}\left|\sin\frac{n\pi}{2}\right| \leq \frac{1}{n} \leq \frac{1}{N} < \varepsilon$$

が成り立つ．よって，数列 $(a_n)_{n\in\mathbb{N}}$ は 0 に収束する．

(2)　まず，数列 $(b_n)_{n\in\mathbb{N}}$ が 0 に収束しないことを示す．$\varepsilon = \dfrac{1}{2}$ とおく．任意の自然数 N に対して，4 で割ると 1 余り，$n \geq N$ をみたす自然数 n を選ぶと，$b_n = 1$ であるので

$$|b_n - 0| = 1 \geq \varepsilon$$

となる．よって，数列 $(b_n)_{n\in\mathbb{N}}$ は 0 に収束しない．

次に，0 でない実数 b に対して，$(b_n)_{n\in\mathbb{N}}$ が b に収束しないことを示す．実数 ε を

$$0 < \varepsilon \leq |b|$$

をみたすようにとる．このとき，任意の自然数 N に対して，N 以上の偶数 n を選ぶと，$b_n = 0$ であるので

$$|b_n - b| = |b| \geq \varepsilon$$

となる．よって，$(b_n)_{n\in\mathbb{N}}$ は b に収束しない．

問 2.7　(1)　$f(x) = 1$ となるのは，ある整数 m に対して

$$\frac{1}{x} = \left(2m + \frac{1}{2}\right)\pi \quad (m \in \mathbb{Z})$$

となるとき，すなわち

$$x = \frac{2}{(4m+1)\pi} \quad (m \in \mathbb{Z})$$

となるときである．

(2)　$m > \dfrac{1}{4}\left(\dfrac{2}{\pi\delta} - 1\right)$ をみたす正整数 m を選び，$x = \dfrac{2}{(4m+1)\pi}$ とおけば，$0 < x = \dfrac{2}{(4m+1)\pi} < \delta$ が成り立つ．また，小問 (1) により $f(x) = 1$ であるので

$$|x - 0| < \delta \quad \text{かつ} \quad |f(x) - f(0)| \geq \varepsilon$$

となる．

(3)　小問 (2) よりしたがう．

問 2.8　(1)　$x=0$ のとき，$|g(x)|=|x|=0$ である．

$x \neq 0$ のとき，$\left|\sin\dfrac{1}{x}\right| \leq 1$ より，$|g(x)|=|x|\left|\sin\dfrac{1}{x}\right| \leq |x|$ である．

(2)　正の実数 ε を任意に与え，$\delta=\varepsilon$ とおく．小問 (1) を用いれば，$|x-0|<\delta$ をみたすすべての実数 x に対して

$$|g(x)-g(0)|=|g(x)| \leq |x| < \varepsilon$$

が成り立つことがわかる．よって，$g(x)$ は $x=0$ において連続である．

問 2.9　$|a-b|$.

問 2.10　$d(\mathrm{P},\mathrm{Q})=\sqrt{(a_1-b_1)^2}=|a_1-b_1|$ である．

問 2.11　(1)　(右辺) $-$ (左辺)

$$\begin{aligned}
&=\alpha_1^2\beta_2^2-2\alpha_1\alpha_2\beta_1\beta_2+\alpha_2^2\beta_1^2\\
&\quad+\alpha_2^2\beta_3^2-2\alpha_2\alpha_3\beta_2\beta_3+\alpha_3^2\beta_2^2\\
&\quad+\alpha_3^2\beta_1^2-2\alpha_3\alpha_1\beta_3\beta_1+\alpha_1^2\beta_3^2\\
&=(\alpha_1\beta_2-\alpha_2\beta_1)^2+(\alpha_2\beta_3-\alpha_3\beta_2)^2+(\alpha_3\beta_1-\alpha_1\beta_3)^2 \geq 0.
\end{aligned}$$

(2)　小問 (1) の不等式の両辺の平方根をとればよい．

(3)　小問 (2) の不等式を用いれば

(右辺) $-$ (左辺)

$$=2\left\{\sqrt{(\alpha_1^2+\alpha_2^2+\alpha_3^2)(\beta_1^2+\beta_2^2+\beta_3^2)}-(\alpha_1\beta_1+\alpha_2\beta_2+\alpha_3\beta_3)\right\} \geq 0.$$

(4)　小問 (3) の不等式の両辺の平方根をとればよい．

(5)　小問 (4) の不等式よりしたがう．

問 2.12　(1)　4 で割ったときに 2 余る自然数 n に対して，$\mathrm{Q}_n=(-1,0)$ である．$\varepsilon=1$ とおくと，自然数 N をどのように選んでも，N より大きく，4 で割ったときに 2 余る自然数 n が存在し，その n に対して

$$d(\mathrm{Q}_n,\mathrm{R})=2 \geq \varepsilon$$

となる．よって，点列 $(\mathrm{Q}_n)_{n\in\mathbb{N}}$ は点 R に収束しない．

(2)　4 で割り切れる自然数 n に対して，$\mathrm{Q}_n=\mathrm{R}$ である．$\mathrm{R}'\in\mathbb{R}^2, \mathrm{R}'\neq\mathrm{R}$ とし，$\varepsilon=d(\mathrm{R},\mathrm{R}')$ とおくと，自然数 N をどのように選んでも，N より大きく，4 で割りきれる自然数 n が存在し，その n に対して

$$d(\mathrm{Q}_n,\mathrm{R}')=d(\mathrm{R},\mathrm{R}') \geq \varepsilon$$

となる．よって，点列 $(\mathrm{Q}_n)_{n\in\mathbb{N}}$ は点 R' にも収束しない．

問 2.13　(1)　α, β は 0 以上であるので，

$$(\alpha+\beta)^2-(\alpha^2+\beta^2)=2\alpha\beta\geq 0$$

が成り立つ．したがって $\alpha^2+\beta^2\leq(\alpha+\beta)^2$ であり，両辺の平方根をとれば求める不等式が得られる．

(2)　正の実数 ε を任意に選ぶ．数列 $(a_n)_{n\in\mathbb{N}}$ が a に収束するので，ある自然数 N_1 が存在し，$n\geq N_1$ をみたすすべての自然数 n に対して

$$|a_n-a|\leq\frac{\varepsilon}{2}$$

が成り立つ．同様に，数列 $(b_n)_{n\in\mathbb{N}}$ が b に収束するので，ある自然数 N_2 が存在し，$n\geq N_2$ をみたすすべての自然数 n に対して

$$|b_n-b|\leq\frac{\varepsilon}{2}$$

が成り立つ．$N=\max\{N_1,N_2\}$ とおけば，$n\geq N$ をみたすすべての自然数 n に対して

$$d(\mathrm{P}_n,\mathrm{P})=\sqrt{(a_n-a)^2+(b_n-b)^2}\leq|a_n-a|+|b_n-b|<\frac{\varepsilon}{2}+\frac{\varepsilon}{2}=\varepsilon$$

が成り立つ．よって，点列 $(\mathrm{P}_n)_{n\in\mathbb{N}}$ は $\mathrm{P}=(a,b)$ に収束する．

問 2.14　B_2 は閉集合でない．実際，B_2 内の点列 $(\mathrm{P}_n)_{n\in\mathbb{N}}$ を

$$\mathrm{P}_n=\left(\frac{1}{n},0\right)\quad(n\in\mathbb{N})$$

によって定めると，この点列は原点 O に収束するが，$\mathrm{O}\notin B_2$ である．

問 2.15　A_3 内の点列 $(\mathrm{P}_n)_{n\in\mathbb{N}}$ が

$$\mathrm{P}_n=(a_n,b_n)\quad(a_n,b_n\in\mathbb{R},\ n\in\mathbb{N})$$

によって与えられており，この点列が $\mathrm{P}=(a,b)$ に収束しているとする．このとき，数列 $(b_n)_{n\in\mathbb{N}}$ は b に収束するが，すべての自然数 n に対して $b_n=0$ であるので，$b=0$ である．したがって，$\mathrm{P}\in A_3$ である．よって，A_3 は閉集合である．

問 2.16　(1)　Q_1 は A_1 の内点である．実際，$\delta=\dfrac{1}{2}$ とおけば，$U_\delta(\mathrm{P}_1)\subset A_1$ が成り立つ．Q_2 は A_1 の内点でも外点でもない．実際，正の実数 δ をどのように選んでも，$U_\delta(\mathrm{Q}_2)\not\subset A_1$, $U_\delta(\mathrm{Q}_2)\cap A_1\neq\emptyset$ となる．

(2)　Q_1 は A_2 の内点であり，Q_2 は A_2 の内点でも外点でもない．小問 (1) と同様の理由による．

(3)　Q_1 は A_3 の内点でも外点でもない．実際，正の実数 δ をどのように選んでも，$U_\delta(\mathrm{Q}_1)\not\subset A_3$, $U_\delta(\mathrm{Q}_1)\cap A_3\neq\emptyset$ となる．同様の理由により，Q_2 は A_3 の内点でも外点でもない．

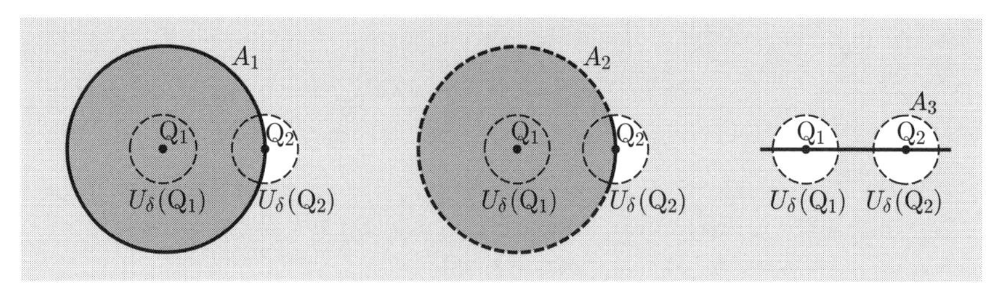

問 2.17　(1)　A_1 の境界点全体の集合は

$$\{(x,y)\in\mathbb{R}^2 \mid x^2+y^2=1\}$$

である．実際，$\mathrm{P}=(a,b)$ とするとき，$a^2+b^2<1$ ならば

$$0<\delta<1-\sqrt{a^2+b^2}$$

とすれば，$U_\delta(\mathrm{P})\subset A_1$ となるので，P は A_1 の内点である．

$a^2+b^2>1$ ならば

$$0<\delta<\sqrt{a^2+b^2}-1$$

とすれば，$U_\delta(\mathrm{P})\cap A_1=\emptyset$ となるので，P は A_1 の外点である．

$a^2+b^2=1$ のとき，正の実数 δ をどのように選んでも

$$U_\delta(\mathrm{P})\not\subset A_1 \quad \text{かつ} \quad U_\delta(\mathrm{P})\cap A_1\neq\emptyset$$

となるので，P は A_1 の境界点である．

(2)　A_2 の境界点全体の集合は

$$\{(x,y)\in\mathbb{R}^2 \mid x^2+y^2=1\}$$

である．小問 (1) と同じ理由による．

(3)　A_3 の境界点全体の集合は A_3 自身と一致する．実際，$\mathrm{P}=(a,b)$ とするとき，$b=0$ ならば，正の実数 δ をどのように選んでも

$$U_\delta(\mathrm{P})\not\subset A_3 \quad \text{かつ} \quad U_\delta(\mathrm{P})\cap A_3\neq\emptyset$$

となるので，P は A_3 の境界点である．

$b\neq 0$ ならば，$0<\delta<|b|$ とすれば

$$U_\delta(\mathrm{P})\cap A_3=\emptyset$$

となるので，P は A_3 の外点である．

問 2.18　問 2.17 により，A_1, A_2 の境界点全体の集合は，どちらも

$$\{(x,y)\in\mathbb{R}^2 \mid x^2+y^2=1\}$$

である．A_1 は境界点全体の集合を含むので，閉集合である．A_2 は境界点全体の集合を含まないので，閉集合ではない．また，問 2.17 により，A_3 の境界点全体の集合は A_3 と一致するので，A_3 は閉集合である．

問 2.19　A_2 に属する点 $\mathrm{P} = (a, b)$ を任意にとると，$a^2 + b^2 < 1$ である．正の実数 δ を $\delta < 1 - \sqrt{a^2 + b^2}$ が成り立つように選べば

$$U_\delta(\mathrm{P}) \subset A_2$$

となるので，P は A_2 の内点である．よって，A_2 は $\mathbb{R}^2$ の開集合である．

問 2.20　$\mathbb{R}^k$ における距離を d_1，$\mathbb{R}^l$ における距離を d_2，$\mathbb{R}^m$ における距離を d_3 で表す．正の実数 ε を任意に選ぶ．g が点 $f(\mathrm{P})$ において連続であるので，ある正の実数 ε' が存在して，$d_2\bigl(\mathrm{Q}, f(\mathrm{P})\bigr) < \varepsilon'$ をみたすすべての $\mathrm{Q} \in \mathbb{R}^l$ に対して

$$d_3\bigl(g(\mathrm{Q}), g(f(\mathrm{P}))\bigr) < \varepsilon \tag{1}$$

が成り立つ．さらに，f が点 P において連続であるので，この ε' に対して，正の実数 δ が存在して，$d_1(\mathrm{R}, \mathrm{P}) < \delta$ をみたすすべての点 $\mathrm{R} \in \mathbb{R}^k$ に対して

$$d_2\bigl(f(\mathrm{R}), f(\mathrm{P})\bigr) < \varepsilon'$$

が成り立つ．ここで，$\mathrm{Q} = f(\mathrm{R})$ に対して式 (1) を適用すれば

$$d_3\bigl(g \circ f(\mathrm{R}), g \circ f(\mathrm{P})\bigr) = d_3\bigl(g(f(\mathrm{R})), g(f(\mathrm{P}))\bigr) < \varepsilon$$

が成り立つ．よって，合成写像 $g \circ f$ は点 P において連続である．

▶ 演習問題解答

2.1　(1)　集合 X と写像 f の定め方より，f は全射である．

また，$(a, b), (c, d) \in \mathbb{Q} \times \mathbb{Q}$ が

$$a + b\sqrt{2} = c + d\sqrt{2}$$

をみたすとすると

$$a - c = (d - b)\sqrt{2}$$

が成り立つ．仮に $d \neq b$ であるとすると，$\sqrt{2} = \dfrac{a - c}{d - b} \in \mathbb{Q}$ となり，$\sqrt{2}$ が無理数であることに反する．よって，$d = b$ である．このことより，$a = c$ も成り立つ．したがって，f は単射である．

(2)　$\mathbb{Q}$ は可算集合であるので，直積集合 $\mathbb{Q} \times \mathbb{Q}$ も可算集合である（問 2.4）．よって，X も可算集合である．

(3)　実数全体の集合 $\mathbb{R}$ は非可算集合であり（基本例題 2.5），小問 (2) により，X は可算集合であるので，$\mathbb{R} \setminus X \neq \emptyset$ である．したがって，有理数 a, b を用いて $a + b\sqrt{2}$

という形に表すことができない実数が存在する．

2.2 (1) 正の実数 ε を任意に選ぶ．数列 $(a_n)_{n\in\mathbb{N}}$ が a に収束するので，ある自然数 N_1 が存在し，$n \geq N_1$ をみたすすべての自然数 n に対して

$$|a_n - a| < \frac{\varepsilon}{2}$$

が成り立つ．同様に，ある自然数 N_2 が存在し，$n \geq N_2$ をみたすすべての自然数 n に対して

$$|b_n - b| < \frac{\varepsilon}{2}$$

が成り立つ．ここで，$N = \max\{N_1, N_2\}$ とおけば，$n \geq N$ をみたすすべての自然数 n に対して

$$|c_n - (a+b)| = |(a_n - a) + (b_n - b)| \leq |a_n - a| + |b_n - b| < \varepsilon$$

が成り立つ．よって，数列 $(c_n)_{n\in\mathbb{N}}$ は $a+b$ に収束する．

(2) 数列 $(a_n)_{n\in\mathbb{N}}$ が a に収束するので，ある自然数 N_1 が存在し，$n \geq N_1$ をみたすすべての自然数 n に対して $|a_n - a| < 1$ が成り立つ．このとき

$$|a_n| = |(a_n - a) + a| \leq |a_n - a| + |a| < |a| + 1$$

が成り立つ．同様に，ある自然数 N_2 が存在し，$n \geq N_2$ をみたすすべての自然数 n に対して

$$|b_n| < |b| + 1$$

が成り立つ．ここで，$M = \max\{|a|+1, |b|+1\}$, $N_3 = \max\{N_1, N_2\}$ とおくと，$n \geq N_3$ をみたすすべての自然数 n に対して

$$|a_n| < M \quad \text{かつ} \quad |b_n| < M$$

が成り立つ．

正の実数 ε を任意に選ぶ．数列 $(a_n)_{n\in\mathbb{N}}$ が a に収束するので，ある自然数 N_4 が存在し，$n \geq N_4$ をみたすすべての自然数 n に対して

$$|a_n - a| < \frac{\varepsilon}{2M}$$

が成り立つ．数列 $(b_n)_{n\in\mathbb{N}}$ が b に収束するので，ある自然数 N_5 が存在し，$n \geq N_5$ をみたすすべての自然数 n に対して

$$|b_n - b| < \frac{\varepsilon}{2M}$$

が成り立つ．

$N = \max\{N_3, N_4, N_5\}$ とおくと，$n \geq N$ をみたすすべての自然数 n に対して

$$
\begin{aligned}
|a_n b_n - ab| &= |a_n b_n - ab_n + ab_n - ab| \\
&\leq |a_n - a|\,|b_n| + |a|\,|b_n - b| \\
&\leq \frac{\varepsilon}{2M} M + M \frac{\varepsilon}{2M} = \varepsilon
\end{aligned}
$$

が成り立つ．よって，数列 $(d_n)_{n\in\mathbb{N}}$ は ab に収束する．

2.3 (1) 任意の $x \in \mathbb{R}$ をとり，正の実数 ε を任意に選ぶ．f が連続であるので，ある実数 δ_1 が存在し，$|y-x| < \delta_1$ をみたすすべての $y \in \mathbb{R}$ に対して

$$|f(y) - f(x)| < \frac{\varepsilon}{2}$$

が成り立つ．同様に，ある実数 δ_2 が存在し，$|y-x| < \delta_2$ をみたすすべての $y \in \mathbb{R}$ に対して

$$|g(y) - g(x)| < \frac{\varepsilon}{2}$$

が成り立つ．$\delta = \min\{\delta_1, \delta_2\}$ とおくと，$|y-x| < \delta$ をみたすすべての $y \in \mathbb{R}$ に対して

$$
\begin{aligned}
|h(y) - h(x)| &= |(f(y) + g(y)) - (f(x) + g(x))| \\
&= |(f(y) - f(x)) + (g(y) - g(x))| \\
&\leq |f(y) - f(x)| + |g(y) - g(x)| \\
&< \frac{\varepsilon}{2} + \frac{\varepsilon}{2} = \varepsilon
\end{aligned}
$$

が成り立つ．よって，h は $x \in \mathbb{R}$ において連続である．$x \in \mathbb{R}$ は任意であるので，h は連続関数である．

(2) $x \in \mathbb{R}$ を任意に選ぶ．f が連続であるので，ある正の実数 δ_1 が存在し，$|y-x| < \delta_1$ をみたすすべての $y \in \mathbb{R}$ に対して

$$|f(y) - f(x)| < 1$$

が成り立つ．このとき

$$|f(y)| = |(f(y) - f(x)) + f(x)| < |f(x)| + 1$$

が成り立つ．同様に，ある正の実数 δ_2 が存在し，$|y-x| < \delta_2$ をみたすすべての $y \in \mathbb{R}$ に対して

$$|g(y)| < |g(x)| + 1$$

が成り立つ．$\delta_3 = \min\{\delta_1, \delta_2\}$, $M = \max\{|f(x)|+1, |g(x)|+1\}$ とおくと，$|y-x| < \delta_3$ をみたすすべての $y \in \mathbb{R}$ に対して

$$|f(y)| < M \quad \text{かつ} \quad |g(y)| < M$$

が成り立つ．

正の実数εを任意に選ぶ．fが連続であるので，ある正の実数δ_4が存在し，$|y-x|<\delta_4$をみたすすべての$y \in \mathbb{R}$に対して

$$|f(y)-f(x)| < \frac{\varepsilon}{2M}$$

が成り立つ．同様に，gが連続であるので，ある正の実数δ_5が存在し，$|y-x|<\delta_5$をみたすすべての$y \in \mathbb{R}$に対して

$$|g(y)-g(x)| < \frac{\varepsilon}{2M}$$

が成り立つ．$\delta = \min\{\delta_3, \delta_4, \delta_5\}$とおくと，$|y-x|<\delta$をみたすすべての$y \in \mathbb{R}$に対して

$$\begin{aligned}
&\bigl|\varphi(y)-\varphi(x)\bigr| = \bigl|f(y)g(y)-f(x)g(x)\bigr| \\
&= \bigl|\bigl(f(y)g(y)-f(x)g(y)\bigr)+\bigl(f(x)g(y)-f(x)g(x)\bigr)\bigr| \\
&\leq |f(y)-f(x)|\,|g(y)| + |f(x)|\,|g(y)-g(x)| \\
&< \frac{\varepsilon}{2M}M + M\frac{\varepsilon}{2M} = \varepsilon
\end{aligned}$$

が成り立つ．よって，φは$x \in \mathbb{R}$において連続である．$x \in \mathbb{R}$は任意であるので，φは連続関数である．

第3章

問 3.1 (1) αと数字が食い違う箇所が2箇所未満のデータを列挙すればよい．$(0,0,0,0)$, $(1,0,0,0)$, $(0,1,0,0)$, $(0,0,1,0)$, $(0,0,0,1)$の5個が$U_\delta(\alpha)$に属する．

(2) αと数字が食い違う箇所が3箇所未満のデータを列挙すればよい．小問(1)で列挙したデータに

$$(1,1,0,0),\ (1,0,1,0),\ (1,0,0,1),\ (0,1,1,0),\ (0,1,0,1),\ (0,0,1,1)$$

を加えた11個のデータが$U_\delta(\alpha)$に属する．

問 3.2 YがXの閉集合であるので，Yのすべての境界点はYに属する．したがって，Y^cに属する点はすべてYの外点，すなわち，Y^cの内点である．よって，Y^cはXの開集合である．

問 3.3 (1) V_1^c, V_2^cはXの開集合であるので

$$(V_1 \cup V_2)^c = V_1^c \cap V_2^c$$

もXの開集合である．よって，$V_1 \cup V_2$はXの閉集合である．

(2) 各$\lambda \in \Lambda$について，V_λ^cはXの開集合であるので

$$\left(\bigcap_{\lambda\in\Lambda} V_\lambda\right)^c = \bigcup_{\lambda\in\Lambda} V_\lambda^c$$

も X の開集合である．よって，$\displaystyle\bigcap_{\lambda\in\Lambda} V_\lambda$ は X の閉集合である．

問 3.4 $U = Y \setminus V$ とおくと，U は Y の開集合である．f が連続であるので，$f^{-1}(U)$ は X の開集合である．問 1.25 より

$$f^{-1}(V) = f^{-1}(Y \setminus U) = X \setminus f^{-1}(U)$$

であるので，$f^{-1}(V)$ は X の閉集合である．

問 3.5 V が点 P の近傍であるので，ある正の実数 δ が存在して

$$U_\delta(\mathrm{P}) \subset V$$

が成り立つ．このとき，仮定より $V \subset W$ であるので

$$U_\delta(\mathrm{P}) \subset W$$

が得られる．よって，W は点 P の近傍である．

問 3.6 条件 (b) を仮定する．正の実数 ε を任意に選び

$$W = U'_\varepsilon\big(f(\mathrm{P})\big)$$

とおく（$U'_\varepsilon\big(f(\mathrm{P})\big)$ は点 $f(\mathrm{P})$ の (Y, d') における ε 近傍）．W は点 $f(\mathrm{P})$ の (Y, d') における近傍であるので，条件 (b) より，点 P の (X, d) における近傍 V が存在し

$$f(V) \subset W$$

をみたす．このとき，近傍の定義より，ある正の実数 δ が存在して

$$U_\delta(\mathrm{P}) \subset V$$

が成り立つ（$U_\delta(\mathrm{P})$ は点 P の (X, d) における δ 近傍）．このとき

$$f\big(U_\delta(\mathrm{P})\big) \subset U'_\varepsilon\big(f(\mathrm{P})\big)$$

が成り立つので，写像 f は点 P において連続である．

問 3.7 (1) Y の内点は Y^c の外点であり，Y の外点は Y^c の内点である．内点でも外点でもない点が境界点であるので，Y の境界点全体の集合と Y^c の境界点全体の集合は一致する．

(2) Y が X の開集合ならば，Y に属する点はすべて Y の内点である．したがって，Y の境界点，すなわち，Y^c の境界点はすべて Y^c に属する．よって，Y^c は X の閉集合である．

(3) Y が X の閉集合ならば，Y の境界点，すなわち，Y^c の境界点はすべて Y に属する．したがって，Y^c に属する点はすべて Y^c の内点である．よって，Y^c は X

の開集合である．

(4)　X に属する任意の点 P に対して，X は P の近傍である．よって，X 自身は X の開集合である．また，X は X のすべての点を含むので，もちろん境界点をすべて含む．よって，X 自身は X の閉集合である．

問 3.8　ある開集合 U に対して $\mathrm{P} \in U \subset V$ が成り立つとする．U は開集合であり，$\mathrm{P} \in U$ であるので，P は U の内点である．したがって，U は P の近傍である．このとき，近傍の公理の条件 (N3) により，V は P の近傍である．

問 3.9　条件 (b) が成り立つと仮定する．V を Y の任意の閉集合とすると，$Y \setminus V$ は Y の開集合である．このとき，

$$f^{-1}(Y \setminus V) = X \setminus f^{-1}(V)$$

であり，条件 (b) より，これは X の開集合である．よって，$f^{-1}(V)$ は X の閉集合である．したがって，条件 (c) が成り立つ．

次に，条件 (c) が成り立つと仮定する．U を Y の任意の開集合とすると，$Y \setminus U$ は Y の閉集合である．このとき，

$$f^{-1}(Y \setminus U) = X \setminus f^{-1}(U)$$

であり，条件 (c) より，これは X の閉集合である．よって，$f^{-1}(U)$ は X の開集合である．したがって，条件 (b) が成り立つ．

▶ 演習問題解答

3.1　(1)　任意の $x \in \mathbb{R} \setminus \{0\}$ をとる．$0 < \delta < |x|$ とすれば，$|y - x| < \delta$ をみたすすべての $y \in \mathbb{R}$ は集合 $\mathbb{R} \setminus \{0\}$ に属する．よって，x は $\mathbb{R} \setminus \{0\}$ の内点である．$x \in \mathbb{R} \setminus \{0\}$ は任意であるので，$\mathbb{R} \setminus \{0\}$ は $\mathbb{R}$ の開集合である．よって，$\{0\}$ は $\mathbb{R}$ の閉集合である．

(2)　$V = f^{-1}(\{0\})$ である．f は連続であり，小問 (1) より $\{0\}$ は $\mathbb{R}$ の閉集合であるので，V は X の閉集合である．

3.2　(1)　X のすべての部分集合を開集合としているので，$X, \emptyset$ は開集合である．また，開集合 U_1, U_2 に対して，$U_1 \cap U_2$ も開集合である．さらに，開集合の族 $(U_\lambda)_{\lambda \in \Lambda}$ に対して，$\displaystyle\bigcup_{\lambda \in \Lambda} U_\lambda$ も開集合である．

(2)　$X, \emptyset$ は開集合である．U_1, U_2 が開集合であるとする．U_1, U_2 の少なくとも一方が空集合ならば，$U_1 \cap U_2$ は空集合である．U_1, U_2 がともに X ならば，$U_1 \cap U_2 = X$ である．いずれの場合も，$U_1 \cap U_2$ は開集合である．また，$(U_\lambda)_{\lambda \in \Lambda}$ を開集合の族とする．U_λ（$\lambda \in \Lambda$）の中に X があれば，$\displaystyle\bigcup_{\lambda \in \Lambda} U_\lambda = X$ であり，すべての λ

$(\lambda \in \Lambda)$ に対して $U_\lambda = \emptyset$ ならば，$\displaystyle\bigcup_{\lambda\in\Lambda} U_\lambda = \emptyset$ である．いずれの場合も，$\displaystyle\bigcup_{\lambda\in\Lambda} U_\lambda$ は開集合である．

3.3　$\mathrm{P}, \mathrm{Q} \in X, \mathrm{P} \neq \mathrm{Q}$ とし，$d(\mathrm{P}, \mathrm{Q}) = c$ とおくと，$c > 0$ である．$\delta = \dfrac{c}{2}$ とおき，点 P の δ 近傍を V とし，点 Q の δ 近傍を V' とする．仮に $V \cap V' \neq \emptyset$ とすると，ある点 $\mathrm{R} \in V \cap V'$ が存在する．このとき

$$d(\mathrm{P}, \mathrm{Q}) \leq d(\mathrm{P}, \mathrm{R}) + d(\mathrm{R}, \mathrm{Q}) < \delta + \delta = c = d(\mathrm{P}, \mathrm{Q})$$

となり，矛盾が生じる．よって，$V \cap V' = \emptyset$ である．よって，(X, d) の定める距離空間はハウスドルフ空間である．

3.4　P, Q は X の異なる 2 点とする．P の近傍 V，Q の近傍 V' を任意に選ぶと，V^c, V'^c は有限集合または空集合である．このとき，

$$(V \cap V')^c = V^c \cup V'^c$$

であるので，$(V \cap V')^c$ は有限集合または空集合である．一方，X は無限集合であるので

$$(V \cap V')^c \neq X, \text{すなわち，} V \cap V' \neq \emptyset$$

が成り立つ．したがって，位相空間 X はハウスドルフ空間でない．演習問題 3.3 より，距離空間の定める位相空間はハウスドルフ空間であるので，ここで考えている位相空間 X は，どんな距離空間からも定まらない．

索　　引

あ 行

か 行

さ 行

著者略歴

海老原　円（えびはら まどか）

1987年　東京大学大学院理学系研究科修士課程数学専攻修了
　　　　学習院大学理学部助手，埼玉大学理学部講師を経て
現　在　埼玉大学大学院理工学研究科准教授
　　　　博士（理学）（東京大学）
　　　　専門は代数幾何学

主要著書

『例題から展開する線形代数』（サイエンス社）
『例題から展開する線形代数演習』（サイエンス社）
『詳解と演習　大学院入試問題〈数学〉』（共著，数理工学社）
『線形代数』（数学書房）
『14日間でわかる代数幾何学事始』（日本評論社）

ライブラリ　例題から展開する大学数学＝6

例題から展開する集合・位相

2018年5月10日©　　　　初 版 発 行

著　者　海老原　円　　　　発行者　森 平 敏 孝
　　　　　　　　　　　　　印刷者　大 道 成 則

発行所　　株式会社　サ イ エ ン ス 社

〒151-0051　東京都渋谷区千駄ヶ谷1丁目3番25号
営業　☎(03)5474–8500（代）　振替 00170–7–2387
編集　☎(03)5474–8600（代）
FAX　☎(03)5474–8900

印刷・製本　太洋社

《検印省略》

ISBN978–4–7819–1422–0

PRINTED IN JAPAN

サイエンス社のホームページのご案内
http://www.saiensu.co.jp
ご意見・ご要望は
rikei@saiensu.co.jp　まで．